二级建造师执业资格考试

同步章节习题集

市政公用工程管理与实务

环球网校建造师考试研究院 主编

严格按照全新考试大纲编写

东南大学出版社
SOUTHEAST UNIVERSITY PRESS
·南京·

图书在版编目(CIP)数据

市政公用工程管理与实务 / 环球网校建造师考试研究院主编. -- 南京：东南大学出版社，2024.7
二级建造师执业资格考试同步章节习题集
ISBN 978-7-5766-0960-8

Ⅰ.①市… Ⅱ.①环… Ⅲ.①市政工程-工程管理-资格考试-习题集 Ⅳ.①TU99-44

中国国家版本馆 CIP 数据核字(2023)第 215251 号

责任编辑：马伟　责任校对：韩小亮　封面设计：环球网校·志道文化　责任印制：周荣虎

市政公用工程管理与实务

Shizheng Gongyong Gongcheng Guanli yu Shiwu

主　　编：环球网校建造师考试研究院
出版发行：东南大学出版社
出 版 人：白云飞
社　　址：南京四牌楼 2 号　邮编：210096　电话：025-83793330
网　　址：http://www.seupress.com
电子邮件：press@seupress.com
经　　销：全国各地新华书店
印　　刷：三河市中晟雅豪印务有限公司
开　　本：787 mm×1092 mm　1/16
印　　张：12.5
字　　数：310 千字
版　　次：2024 年 7 月第 1 版
印　　次：2024 年 7 月第 1 次印刷
书　　号：ISBN 978-7-5766-0960-8
定　　价：49.00 元

本社图书若有印装质量问题，请直接与营销部联系。电话(传真)：025-83791830

环球君带你学市政

二级建造师执业资格考试实行全国统一大纲，各省、自治区、直辖市命题并组织的考试制度，分为综合科目和专业科目。综合考试涉及的主要内容是二级建造师在建设工程各专业施工管理实践中的通用知识，它在各个专业工程施工管理实践中具有一定普遍性，包括《建设工程施工管理》《建设工程法规及相关知识》2个科目，这2个科目为各专业考生统考科目。专业考试涉及的主要内容是二级建造师在专业工程施工管理实际工程中应该掌握和了解的专业知识，有较强的专业性，包括建筑工程、市政公用工程、机电工程、公路工程、水利水电工程等专业。

二级建造师《市政公用工程管理与实务》考试时间为150分钟，满分120分。试卷共有三道大题：单项选择题、多项选择题、实务操作和案例分析题。其中，单项选择题共20题，每题1分，每题的备选项中，只有1个最符合题意。多项选择题共10题，每题2分，每题的备选项中，有2个或2个以上符合题意，至少有1个错项。错选，本题不得分；少选，所选的每个选项得0.5分。实务操作和案例分析题共4题，每题20分。

做题对于高效复习、顺利通过考试极为重要。为帮助考生巩固知识、理顺思路，提高应试能力，环球网校建造师考试研究院依据二级建造师执业资格考试全新考试大纲，精心选择并剖析常考知识点，深入研究历年真题，倾心打造了这本同步章节习题集。环球网校建造师考试研究院建议您按照如下方法使用本书。

◇**学练结合，夯实基础**

环球网校建造师考试研究院依据全新考试大纲，按照知识点精心选编同步章节习题，并对习题进行了分类——标注"必会"的知识点及题目，需要考生重点掌握；标注"重要"的知识点及题目，需要考生会做并能运用；标注"了解"的知识点及题目，考生了解即可，不作为考试重点。建议考生制订适合自己的学习计划，学练结合，扎实备考。

◇**学思结合，融会贯通**

本书中的每道题目均是环球网校建造师考试研究院根据考试频率和知识点的考查方向精挑细选出来的。在复习备考过程中，建议考生勤于思考、善于总结，灵活运用所学知识，提升抽丝剥茧、融会贯通的能力。此外，建议考生对错题进行整理和分析，从每一道具体的错题入手，分析错误的知识原因、能力原因、解题习惯原因等，从而完善知识体系，达到高效备考的目的。

◇ 系统学习，高效备考

在学习过程中，一方面要抓住关键知识点，提高做题正确率；另一方面要关注知识体系的构建。在掌握全书知识脉络后，一定要做套试卷进行模拟考试。考生还可以扫描目录中的二维码，进入二级建造师课程＋题库 App，随时随地移动学习海量课程和习题，全方位提升应试水平。

本套辅导用书在编写过程中，虽几经斟酌和校阅，仍难免有不足之处，恳请广大读者和考生予以批评指正。

相信本书可以帮助广大考生在短时间内熟悉出题"套路"、学会解题"思路"、找到破题"出路"。在二级建造师执业资格考试之路上，环球网校与您相伴，助您一次通关！

请大胆写出你的得分目标＿＿＿＿＿

环球网校建造师考试研究院

目 录

第一篇　市政公用工程技术

第一章　城镇道路工程/参考答案与解析 ……………………………………… 3/133
　　第一节　道路结构特征/参考答案与解析 ……………………………………… 3/133
　　第二节　城镇道路路基施工/参考答案与解析 ………………………………… 4/134
　　第三节　城镇道路路面施工/参考答案与解析 ………………………………… 6/135
　　第四节　挡土墙施工/参考答案与解析 ………………………………………… 8/136
　　第五节　城镇道路工程安全质量控制/参考答案与解析 ……………………… 9/137

第二章　城市桥梁工程/参考答案与解析 ……………………………………… 11/137
　　第一节　城市桥梁结构形式及通用施工技术/参考答案与解析 ……………… 11/137
　　第二节　城市桥梁下部结构施工/参考答案与解析 …………………………… 14/139
　　第三节　桥梁支座施工/参考答案与解析 ……………………………………… 17/141
　　第四节　城市桥梁上部结构施工/参考答案与解析 …………………………… 18/142
　　第五节　桥梁桥面系及附属结构施工/参考答案与解析 ……………………… 21/144
　　第六节　管涵和箱涵施工/参考答案与解析 …………………………………… 22/145
　　第七节　城市桥梁工程安全质量控制/参考答案与解析 ……………………… 24/146

第三章　城市隧道工程/参考答案与解析 ……………………………………… 27/148
　　第一节　施工方法与结构形式/参考答案与解析 ……………………………… 27/148
　　第二节　地下水控制/参考答案与解析 ………………………………………… 28/148
　　第三节　明挖法施工/参考答案与解析 ………………………………………… 29/149
　　第四节　浅埋暗挖法施工/参考答案与解析 …………………………………… 32/151
　　第五节　城市隧道工程安全质量控制/参考答案与解析 ……………………… 33/152

第四章　城市管道工程/参考答案与解析 ……………………………………… 34/153
　　第一节　城市给水排水管道工程/参考答案与解析 …………………………… 34/153
　　第二节　城市燃气管道工程/参考答案与解析 ………………………………… 36/155
　　第三节　城市供热管道工程/参考答案与解析 ………………………………… 39/156
　　第四节　城市管道工程安全质量控制/参考答案与解析 ……………………… 42/158

第五章　城市综合管廊工程/参考答案与解析 ………………………………… 44/158
　　第一节　城市综合管廊分类与施工方法/参考答案与解析 …………………… 44/158
　　第二节　城市综合管廊施工技术/参考答案与解析 …………………………… 45/160

第六章　海绵城市建设工程/参考答案与解析 ………………………………… 48/161
　　第一节　海绵城市建设技术设施类型与选择/参考答案与解析 ……………… 48/161
　　第二节　海绵城市建设施工技术/参考答案与解析 …………………………… 49/162

第七章　城市基础设施更新工程/参考答案与解析 …………………………… 51/163
　　第一节　道路改造施工/参考答案与解析 ……………………………………… 51/163
　　第二节　桥梁改造施工/参考答案与解析 ……………………………………… 52/164
　　第三节　管网改造施工/参考答案与解析 ……………………………………… 53/165

第八章　施工测量/参考答案与解析 …… 54/165
　第一节　施工测量主要内容与常用仪器/参考答案与解析 …… 54/165
　第二节　施工测量及竣工测量/参考答案与解析 …… 55/166

第九章　施工监测/参考答案与解析 …… 56/166
　第一节　施工监测主要内容、常用仪器与方法/参考答案与解析 …… 56/166
　第二节　监测技术与监测报告/参考答案与解析 …… 56/167

第二篇　市政公用工程相关法规与标准

第十章　相关法规/参考答案与解析 …… 61/168
　第一节　城市道路管理的有关规定/参考答案与解析 …… 61/168
　第二节　城镇排水和污水处理管理的有关规定/参考答案与解析 …… 61/168
　第三节　城镇燃气管理的有关规定/参考答案与解析 …… 62/168

第十一章　相关标准/参考答案与解析 …… 63/168
　第一节　相关强制性标准的规定/参考答案与解析 …… 63/168
　第二节　技术安全标准/参考答案与解析 …… 64/169

第三篇　市政公用工程项目管理实务

第十二章　市政公用工程企业资质与施工组织/参考答案与解析 …… 67/171
　第一节　市政公用工程企业资质/参考答案与解析 …… 67/171
　第二节　二级建造师执业范围/参考答案与解析 …… 68/172
　第三节　施工项目管理机构/参考答案与解析 …… 69/172
　第四节　施工组织设计/参考答案与解析 …… 70/173

第十三章　施工招标投标与合同管理/参考答案与解析 …… 72/173
　第一节　施工招标投标/参考答案与解析 …… 72/173
　第二节　施工合同管理/参考答案与解析 …… 72/174

第十四章　施工进度管理/参考答案与解析 …… 74/174
　第一节　工程进度影响因素与计划管理/参考答案与解析 …… 74/174
　第二节　施工进度计划编制与调整/参考答案与解析 …… 75/175

第十五章　施工质量管理/参考答案与解析 …… 76/175
　第一节　质量策划/参考答案与解析 …… 76/175
　第二节　施工质量控制/参考答案与解析 …… 77/176
　第三节　竣工验收管理/参考答案与解析 …… 78/176

第十六章　施工成本管理/参考答案与解析 …… 79/176
　第一节　工程造价管理/参考答案与解析 …… 79/176
　第二节　施工成本管理/参考答案与解析 …… 79/177
　第三节　工程结算管理/参考答案与解析 …… 81/178

第十七章　施工安全管理/参考答案与解析 …… 83/179
　第一节　常见施工安全事故及预防/参考答案与解析 …… 83/179
　第二节　施工安全管理要点/参考答案与解析 …… 84/180

第十八章	绿色施工及现场环境管理/参考答案与解析	86/180
第一节	绿色施工管理/参考答案与解析	86/180
第二节	施工现场环境管理/参考答案与解析	87/181

第四篇 案例专题模块

模块一	城镇道路工程/参考答案与解析	91/182
模块二	城市桥梁工程/参考答案与解析	99/183
模块三	城市隧道工程/参考答案与解析	112/185
模块四	城市管道工程/参考答案与解析	119/186
模块五	城市基础设施更新工程/参考答案与解析	127/188

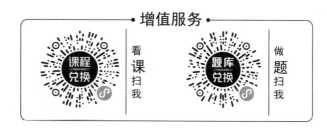

注：斜杠后的页码为对应的参考答案与解析，方便您更高效地使用本书。祝您顺利通关！

PART 1

第一篇
市政公用工程技术

学习计划：

扫码做题
熟能生巧

水滴石穿　非一日之功

第一章　城镇道路工程

第一节　道路结构特征

■ 知识脉络

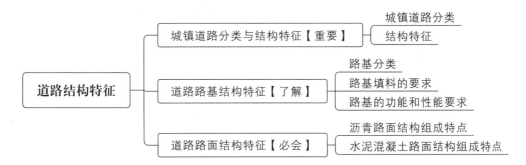

考点 1　城镇道路分类与结构特征【重要】

1. 【单选】以集散交通功能为主，兼有服务功能的城镇路网由（　　）组成。
   A. 快速路、主干路　　　　　　　　　B. 主干路、次干路
   C. 快速路、次干路　　　　　　　　　D. 次干路、支路

2. 【单选】城镇道路横断面常采用三、四幅路形式的是（　　）。
   A. 快速路　　　　　　　　　　　　　B. 主干路
   C. 次干路　　　　　　　　　　　　　D. 支路

3. 【单选】下列沥青路面结构中，主要起承重作用，应具有足够的强度和扩散荷载的能力并具备足够的水稳定性的是（　　）。
   A. 面层　　　　　　　　　　　　　　B. 基层
   C. 底基层　　　　　　　　　　　　　D. 垫层

考点 2　道路路基结构特征【了解】

1. 【单选】地下水位高时，宜提高路堤设计标高。在设计标高受限制，未能达到潮湿状态的路基临界高度时，应采取在边沟下设置（　　）的措施降低地下水位。
   A. 渗井　　　　　　　　　　　　　　B. 集水沟
   C. 排水渗沟　　　　　　　　　　　　D. 排水管道

2. 【单选】关于路基填料的要求，说法错误的是（　　）。
   A. 高液限黏土、高液限粉土及含有机质的细粒土，不适于做路基填料
   B. 因条件限制而必须采用上述土做填料时，应掺加石灰或水泥等结合料进行改善
   C. 地下水位高时，宜提高路基顶面标高
   D. 岩石或填石路基顶面应铺设整平层，其厚度视路基顶面不平整程度而定，一般为80～100mm

考点 3　道路路面结构特征【必会】

1. 【多选】道路基层材料应根据（　　）进行选择。
   A. 承载能力　　　　　　　　　　　　B. 抗弯拉能力
   C. 交通等级　　　　　　　　　　　　D. 变形协调能力
   E. 抗冲刷能力

2. 【单选】下列城市道路基层中，属于半刚性基层的是（　　）。
   A. 级配碎石基层　　　　　　　　　　B. 钢筋混凝土基层
   C. 石灰稳定土基层　　　　　　　　　D. 沥青碎石基层

3. 【单选】下列水泥混凝土路面接缝中，不需要设置传力杆的是（　　）。
   A. 特重交通路面的横向胀缝　　　　　B. 特重交通路面的横向缩缝
   C. 重交通路面的横向缩缝　　　　　　D. 中等交通路面的横向缩缝

4. 【多选】关于水泥混凝土原材料的说法，正确的有（　　）。
   A. 重交通以上等级道路、城市快速路、主干路应采用42.5级以上的道路硅酸盐水泥或硅酸盐水泥、普通硅酸盐水泥
   B. 粗集料的最大公称粒径，碎石不得大于37.5mm
   C. 砾石不宜大于26.5mm
   D. 宜采用质地坚硬、细度模数在2.5以下，符合级配规定的洁净粗砂、中砂
   E. 胀缝板宜用厚20mm，水稳定性好，具有一定柔性的板材制作

5. 【单选】在邻近桥梁或其他构筑物处、板厚改变处、小半径平曲线等处，应设置（　　）。
   A. 企口缝　　　　　　　　　　　　　B. 横向缩缝
   C. 纵向缩缝　　　　　　　　　　　　D. 胀缝

6. 【单选】下列关于沥青路面垫层性能指标的说法，错误的是（　　）。
   A. 垫层中小于0.075mm的颗粒含量不宜大于5%
   B. 垫层最小厚度为100mm
   C. 排水垫层宜采用砂、砂砾等颗粒材料
   D. 半刚性垫层宜采用低剂量水泥、石灰等无机结合稳定粒料或土类材料

第二节　城镇道路路基施工

■ 知识脉络

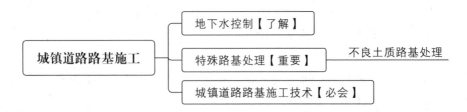

考点 1 地下水控制【了解】

【单选】对于地下水位高于路床标高的道路工程，应采取（　　）的措施进行路基隔水控制。

A. 设置排水型护坡构造　　　　　　　B. 在路基结构中设置渗沟

C. 采用土工织物进行疏干　　　　　　D. 加强过街支管与检查井结合部的密封措施

考点 2 特殊路基处理【重要】

【多选】下列关于路基处理方法的说法，正确的有（　　）。

A. 对饱和黏性土要慎重采用碾压及夯实法

B. 适用于暗沟、暗塘等软弱土的浅层处理的方法是换土垫层法

C. 对于不排水剪切强度＜20kPa 的路基慎用振冲置换法

D. 适用于处理松砂、粉土、杂填土及湿陷性黄土的是排水固结法

E. 适用于处理软弱土地基、填土及陡坡填土、砂土的是加筋法

考点 3 城镇道路路基施工技术【必会】

1. 【单选】下列工程项目中，不属于城镇道路路基工程的是（　　）。

   A. 涵洞　　　　　　　　　　　　　B. 挡土墙

   C. 路肩　　　　　　　　　　　　　D. 水泥稳定土基层

2. 【多选】城市道路填土（方）路基施工时，应分层填土压实。下列关于压实作业施工要点的说法，正确的有（　　）。

   A. 碾压前检查铺筑土层的宽度与厚度

   B. 碾压"先重后轻"

   C. 碾压"先轻后重"

   D. 最后碾压可采用小于 12t 级的压路机

   E. 填方高度内的管涵顶面填土 500mm 以上才能用压路机碾压

3. 【多选】下列选项中，不属于试验段试验目的的有（　　）。

   A. 确定路基预沉量值　　　　　　　B. 合理选用压实机具

   C. 确定压实遍数　　　　　　　　　D. 确定道路用途

   E. 确定摊铺长度

4. 【单选】关于路基施工的说法，正确的是（　　）。

   A. 填方段内应事先找平，当地面坡度陡于 1∶5 时需修成台阶形式，每层台阶高度不宜大于 400mm，宽度不应小于 0.5m

   B. 机械开挖时，必须避开构筑物、管线，在距管道边 2m 范围内应采用人工开挖

   C. 过街雨水支管沟槽及检查井周围应用砂砾填实

   D. 修筑填石路堤应进行地表清理，先码砌边部，然后逐层水平填筑石料

5. 【多选】下列关于路基压实作业要点的说法，正确的有（　　）。

   A. 最大碾压速度不宜超过 6km/h

   B. 碾压不到的位置应采用小型夯压机夯实

   C. 先轻后重、先振后静、先低后高、先慢后快、轮迹重叠

D. 压路机轮外缘距路基边应保持安全距离

E. 管顶以上 50cm 范围内应采用轻型压实机具

6.【单选】下列关于城镇道路路基施工的特点，说法错误的是（　　）。

A. 人工配合土方作业时，可不设专人指挥

B. 构筑物保护要求高

C. 路基施工以机械作业为主，人工配合为辅

D. 采用流水或分段平行作业方式

7.【单选】路基填土宽度每侧应比设计规定宽（　　）mm。

A. 200　　　　　　　　　　　　　　B. 300

C. 400　　　　　　　　　　　　　　D. 500

第三节　城镇道路路面施工

■ 知识脉络

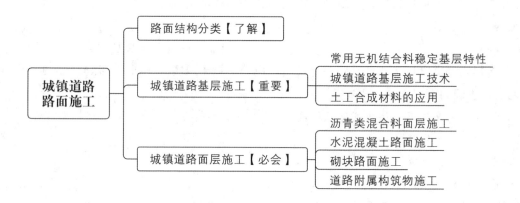

考点 1　路面结构分类【了解】

【多选】高等级沥青路面面层可划分为（　　）。

A. 中面层　　　　　　　　　　　　B. 垫层

C. 上面层　　　　　　　　　　　　D. 下面层

E. 基层

考点 2　城镇道路基层施工【重要】

1.【单选】下列基层材料中，水稳性、抗冻性最差的是（　　）。

A. 水泥稳定粒料　　　　　　　　　B. 二灰稳定土

C. 水泥稳定土　　　　　　　　　　D. 石灰稳定土

2.【单选】水泥稳定土类材料自拌合至摊铺完成，不得超过（　　）。分层摊铺时，应在下层养护（　　）后，方可摊铺上层材料。

A. 2h；5d　　　　　　　　　　　　B. 2h；7d

C. 3h；5d　　　　　　　　　　　　D. 3h；7d

3. 【单选】下列选项中，不属于无机结合料稳定基层优点的是（　　）。
   A. 孔隙率较小　　　　　　　　　　　B. 透水性较小
   C. 水稳性差　　　　　　　　　　　　D. 适于机械化施工

4. 【单选】下列关于石灰粉煤灰稳定碎石混合料基层碾压的说法，不正确的是（　　）。
   A. 可用薄层贴补的方法找平　　　　　B. 采用先轻型、后重型压路机碾压
   C. 混合料每层最大压实厚度为200mm　D. 混合料可用沥青乳液进行养护

5. 【单选】下列关于石灰与水泥稳定土类基层的说法，不正确的是（　　）。
   A. 碾压时的含水量宜在最佳含水量的±2%范围内
   B. 水泥稳定土宜在水泥初凝前碾压成型
   C. 施工期的日最低气温应在−5℃以上
   D. 应在第一次重冰冻到来之前15~30d完成

6. 【单选】在设超高的平曲线段碾压摊铺好的无机结合料时，下列碾压顺序正确的是（　　）。
   A. 自外侧向内侧碾压　　　　　　　　B. 自内侧向外侧碾压
   C. 自路基中心向两边同时进行碾压　　D. 自路基两边向中心同时进行碾压

7. 【单选】路堤施工中，采用土工合成材料加筋的主要目的是提高路堤的（　　）。
   A. 承载力　　　　　　　　　　　　　B. 平整度
   C. 稳定性　　　　　　　　　　　　　D. 水稳性

8. 【单选】可用于高等级路面的基层与底基层的材料是（　　）。
   A. 石灰稳定土　　　　　　　　　　　B. 水泥稳定土
   C. 二灰稳定土　　　　　　　　　　　D. 二灰稳定粒料

9. 【多选】下列关于道路工程土工合成材料特点的说法，错误的有（　　）。
   A. 质量轻　　　　　　　　　　　　　B. 整体连续性好
   C. 抗拉强度较低　　　　　　　　　　D. 不耐腐蚀
   E. 施工工艺复杂

考点 3　城镇道路面层施工【必会】

1. 【单选】下列选项中，应浇洒透层沥青的是（　　）。
   A. 沥青路面的级配砂砾、级配碎石基层上　　B. 旧沥青路面层上加铺沥青层
   C. 水泥混凝土路面上铺筑沥青面层　　　　　D. 有裂缝或已修补的旧沥青路面

2. 【单选】密级配沥青混凝土混合料复压优先采用（　　）进行碾压。
   A. 钢轮压路机　　　　　　　　　　　B. 振动压路机
   C. 重型轮胎压路机　　　　　　　　　D. 双轮钢筒式压路机

3. 【单选】下列关于热拌沥青混合料面层施工的说法，错误的是（　　）。
   A. 主干路、快速路宜采用两台（含）以上摊铺机联合摊铺
   B. 压路机应以慢而均匀的速度碾压
   C. 摊铺时，上面层宜采用钢丝绳控制高程
   D. 路面完工后待自然冷却至表面温度低于50℃后，方可开放交通

4. 【单选】热拌沥青混合料面层纵缝采用热接缝，上、下层的纵缝应错开（　　）以上。
   A. 50mm　　　　B. 100mm　　　　C. 150mm　　　　D. 200mm

5.【单选】为防止沥青混合料粘轮,可对压路机碾轮喷淋添加少量表面活性剂的雾状水,严禁刷( )。
   A. 柴油　　　　　　　　　　　B. 隔离剂
   C. 食用油　　　　　　　　　　D. 防粘结剂

6.【多选】热拌沥青混合料的最低摊铺温度根据( )等,按现行规范要求执行。
   A. 铺筑层的厚度　　　　　　　B. 气温
   C. 风速　　　　　　　　　　　D. 摊铺机行驶速度
   E. 下卧层表面温度

7.【单选】用振动压路机碾压厚度较小的改性沥青混合料路面时,其振动频率和振幅大小宜采用( )。
   A. 低频低振幅　　　　　　　　B. 低频高振幅
   C. 高频高振幅　　　　　　　　D. 高频低振幅

8.【单选】SMA沥青混合料面层施工时,不得采用( )碾压。
   A. 小型振动压路机　　　　　　B. 钢筒式压路机
   C. 振动压路机　　　　　　　　D. 轮胎压路机

9.【单选】水泥混凝土道路在面层混凝土( )达到设计强度,且填缝完成前,不得开放交通。
   A. 抗压强度　　　　　　　　　B. 抗拉强度
   C. 抗折强度　　　　　　　　　D. 弯拉强度

10.【单选】混凝土浇筑完成后应及时进行养护,下列养护方法错误的是( )。
   A. 保湿覆盖　　　　　　　　　B. 土工毡覆盖湿养护
   C. 喷洒养护剂　　　　　　　　D. 围水养护

11.【多选】普通混凝土路面的胀缝应设置胀缝补强钢筋支架、胀缝板和传力杆,其要求有( )。
   A. 胀缝应与路面中心线垂直　　B. 缝上部安装胀缝板和传力杆
   C. 缝宽必须一致　　　　　　　D. 缝壁必须垂直
   E. 缝中不得连浆

第四节　挡土墙施工

知识脉络

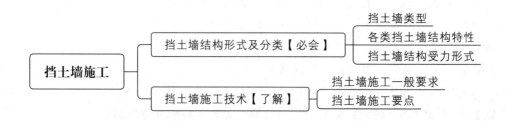

考点 1　挡土墙结构形式及分类【必会】

1. 【多选】在城镇道路的填土工程、城市桥梁的桥头接坡工程中常用到的挡土墙形式有（　　）。
   A. 重力式
   B. 钢筋混凝土悬臂式
   C. 衡重式
   D. 钢筋混凝土扶壁式
   E. 钢筋混凝土混合式

2. 【多选】钢筋混凝土悬臂式挡土墙由（　　）组成。
   A. 立壁
   B. 墙面板
   C. 墙趾板
   D. 扶壁
   E. 墙踵板

3. 【单选】下列关于挡土墙结构承受的土压力，说法正确的是（　　）。
   A. 静止土压力＞主动土压力＞被动土压力
   B. 被动土压力＞主动土压力＞静止土压力
   C. 主动土压力＞被动土压力＞静止土压力
   D. 被动土压力＞静止土压力＞主动土压力

考点 2　挡土墙施工技术【了解】

【单选】下列关于挡土墙施工要点的说法，正确的是（　　）。
A. 勾缝砂浆强度可略小于砌筑砂浆强度
B. 现浇混凝土挡土墙钢筋接头宜采用闪光对焊
C. 分段砌筑时，分段位置应设在基础变形缝部位，相邻砌筑段高差不宜超过 1.5m
D. 严禁采用机械将片石倾倒在混凝土浇筑面上，应使用料斗将片石吊运至作业面，然后人工均匀摆放栽砌

第五节　城镇道路工程安全质量控制

知识脉络

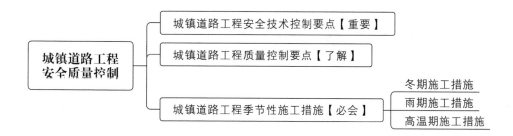

考点 1　城镇道路工程安全技术控制要点【重要】

1. 【单选】人工配合施工时，作业人员之间的安全距离，横向不得小于（　　），纵向不得小于（　　）。
   A. 2，3
   B. 1，2

C. 2，1 D. 3，2

2.【单选】挖掘机需在电力架空线路一侧作业时，1kV以下架空线路边线沿垂直方向的最小安全距离为（　　）。
A. 0.5m B. 1.5m
C. 3.0m D. 6.0m

考点 2　城镇道路工程质量控制要点【了解】

1.【多选】无机结合料稳定基层质量控制指标包括（　　）等。
A. 原材料质量 B. 压实度
C. 平整度 D. 7d无侧限抗压强度
E. 弯沉

2.【单选】路缘石基础宜与相应的（　　）同步施工。
A. 下面层 B. 垫层
C. 基层 D. 上面层

考点 3　城镇道路工程季节性施工措施【必会】

1.【单选】城市快速路、主干路的路基不得用含有冻土块的土料填筑，次干路以下道路填土材料中冻土最大尺寸不得大于（　　），冻土块含量应小于（　　）。
A. 100mm，10% B. 100mm，15%
C. 120mm，10% D. 150mm，15%

2.【单选】下列关于道路冬期施工的说法，错误的是（　　）。
A. 路基施工采用机械为主、人工为辅方式开挖冻土
B. 城市快速路、主干路的路基不得用含有冻土块的土料填筑
C. 城市快速路、主干路的沥青混合料面层在低于5℃时应停止施工
D. 水泥稳定土（粒料）类基层，宜在进入冬期前15~30d停止施工

3.【多选】下列符合道路雨期施工基本要求的有（　　）。
A. 以预防为主，掌握主动权 B. 按常规安排工期
C. 建立完善排水系统，防排结合 D. 发现积水、挡水处，及时疏通
E. 准备好防雨物资

4.【多选】城市道路基层雨期施工时，应遵循的原则有（　　）。
A. 坚持当天挖完、压完，不留后患
B. 下雨来不及完成时，要尽快碾压，防止雨水渗透
C. 应该坚持拌多少、铺多少、压多少、完成多少
D. 分段开挖，切忌全面开挖或挖段过长
E. 挖方地段要留好横坡，做好截水沟

第二章 城市桥梁工程

第一节 城市桥梁结构形式及通用施工技术

■ 知识脉络

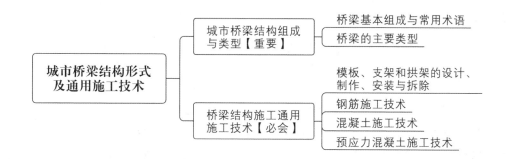

考点 1 城市桥梁结构组成与类型【重要】

1. 【单选】某立交桥桥面设计标高为 56.400m，T 梁底标高为 54.200m，桥下路面标高为 50.200m，则该桥的桥梁高度为（　　）m。
   A. 6.400
   B. 6.200
   C. 4.000
   D. 2.200

2. 【单选】承重结构以受压为主的桥梁类型是（　　）。
   A. 梁式桥
   B. 拱式桥
   C. 悬索桥
   D. 刚架桥

3. 【单选】主要承重结构是梁（或板）和立柱（或竖墙）整体结合在一起的刚架结构。梁和柱的连接处具有很大的刚性，在竖向荷载作用下，梁部主要受弯，而在柱脚处也具有水平反力，其受力状态介于梁桥和拱桥之间。该结构属于（　　）。
   A. 梁式桥
   B. 拱式桥
   C. 刚架桥
   D. 组合体系桥

4. 【多选】桥梁按主要承重结构所用的材料可分为（　　）等几种类型。
   A. 钢筋混凝土桥
   B. 圬工桥
   C. 木桥
   D. 钢—混凝土组合梁桥
   E. 人行桥

5. 【单选】设置在桥梁两端，防止路堤滑塌，同时对桥跨结构起支承作用的构筑物是（　　）。
   A. 桥墩
   B. 桥台
   C. 支座
   D. 锥坡

考点 2 桥梁结构施工通用施工技术【必会】

1. 【单选】验算模板、支架和拱架的刚度时，要求结构表面外露的模板挠度不超过模板构件跨度的（　　）。
A. 1/200　　　　　　　　　　　　B. 1/300
C. 1/400　　　　　　　　　　　　D. 1/500

2. 【多选】模板支架设计时，在栏杆侧模板强度计算中，荷载组合应选择（　　）。
   A. 施工人员及施工材料运输或堆放的荷载
   B. 振捣混凝土时的荷载
   C. 新浇筑混凝土对侧模板的压力
   D. 倾倒混凝土的水平冲击荷载
   E. 支架所承受的水流压力

3. 【多选】模板、支架和拱架拆除应遵循（　　）的原则。
   A. 先支后拆　　　　　　　　　　B. 后支先拆
   C. 先支先拆　　　　　　　　　　D. 后支后拆
   E. 同时拆除

4. 【单选】钢筋的级别、种类和直径应按设计要求采用，当需要代换时，应由（　　）单位进行变更设计。
   A. 建设　　　　　　　　　　　　B. 监理
   C. 施工　　　　　　　　　　　　D. 原设计

5. 【单选】即使普通混凝土受拉构件中的主钢筋直径小于 22mm，也不得采用（　　）连接。
   A. 焊接　　　　　　　　　　　　B. 挤压套筒
   C. 绑扎　　　　　　　　　　　　D. 直螺纹

6. 【单选】下列关于钢筋接头设置的说法，错误的是（　　）。
   A. 在同一根钢筋上宜少设接头
   B. 钢筋接头应设在受力较小区段，不宜位于构件的最大弯矩处
   C. 接头末端至钢筋弯起点的距离不得小于钢筋直径的 10 倍
   D. 钢筋接头部位横向净距不得小于钢筋直径，且不得小于 20mm

7. 【单选】下列关于钢筋骨架制作和组装的说法，不符合要求的是（　　）。
   A. 钢筋骨架的焊接应在坚固的工作台上进行
   B. 组装时应按设计图纸放大样，放样时应考虑骨架预拱度
   C. 简支梁钢筋骨架预拱度应符合设计和规范规定
   D. 骨架接长焊接时，不同直径钢筋的边线应在同一平面上

8. 【单选】钢筋骨架和钢筋网片的交叉点焊接宜采用（　　）。
   A. 电阻点焊　　　　　　　　　　B. 闪光对焊
   C. 埋弧压力焊　　　　　　　　　D. 电弧焊

9. 【多选】钢筋与钢板的 T 形连接宜采用（　　）。
   A. 电弧焊　　　　　　　　　　　B. 闪光对焊
   C. 埋弧压力焊　　　　　　　　　D. 电渣压力焊
   E. 电阻点焊

10. 【单选】对 C60 及其以上的高强度混凝土，当混凝土方量较少时，宜（　　）评定混凝土

强度。

A. 留取不少于 10 组的试件,采用标准差未知的统计方法
B. 留取不少于 10 组的试件,采用标准差已知的统计方法
C. 留取不少于 20 组的试件,采用标准差未知的统计方法
D. 留取不少于 20 组的试件,采用非统计方法

11. 【多选】配制高强度混凝土的矿物掺合料可选用（　　）。
    A. 优质粉煤灰   B. 磨细矿渣粉
    C. 磨细石灰粉   D. 硅粉
    E. 磨细天然沸石粉

12. 【多选】下列现浇混凝土需洒水养护不少于 14d 的有（　　）。
    A. 抗渗混凝土   B. 缓凝混凝土
    C. 高强度混凝土   D. 普通硅酸盐水泥混凝土
    E. 矿渣硅酸盐水泥混凝土

13. 【多选】混凝土浇筑前,应检查模板和支架的（　　）。
    A. 硬度   B. 刚度
    C. 承载力   D. 平整度
    E. 稳定性

14. 【多选】浇筑混凝土时,振捣持续时间的判断标准有（　　）。
    A. 持续振捣 5 分钟   B. 表面呈现浮浆
    C. 表面出现分层离析   D. 表面出现气泡
    E. 混凝土不再沉落

15. 【单选】同一天进场的同一批次、同规格的 100t 预应力钢筋,最少应分为（　　）批检验。
    A. 1   B. 2
    C. 3   D. 4

16. 【单选】预应力筋在室外存放时间不宜超过（　　）个月。
    A. 3   B. 4
    C. 5   D. 6

17. 【单选】切断预应力筋不得采用（　　）。
    A. 砂轮锯   B. 切断机
    C. 大力剪   D. 电弧切割

18. 【多选】预应力钢绞线进场时,应检查和检验的项目有（　　）。
    A. 表面质量   B. 弯曲试验
    C. 外形尺寸   D. 伸长率试验
    E. 力学性能试验

19. 【单选】预应力混凝土不宜添加的外加剂是（　　）。
    A. 引气剂   B. 早强剂
    C. 缓凝剂   D. 膨胀剂

20. 【单选】预应力筋采用应力控制方法张拉时，应以（　　）进行校核。
   A. 初应力　　　　　　　　　　　　B. 控制应力
   C. 摩阻损失　　　　　　　　　　　D. 伸长值

21. 【单选】后张法预应力混凝土梁施工中，曲线孔道最低点宜设置（　　）。
   A. 压浆孔　　　　　　　　　　　　B. 溢浆孔
   C. 排气孔　　　　　　　　　　　　D. 排水孔

22. 【多选】下列关于后张法预应力筋孔道压浆与封锚的说法中，正确的有（　　）。
   A. 压浆过程中及压浆后24h内，结构混凝土的温度不得低于5℃
   B. 多跨连续有连接器的预应力筋孔道，应张拉完一段灌注一段
   C. 压浆作业，每一工作班应留取不少于3组砂浆试块，标准养护28d
   D. 当白天气温高于35℃时，压浆宜在夜间进行
   E. 使用非数控管道压浆设备在二类以上市政工程项目预制场内进行后张法预应力构件施工

第二节　城市桥梁下部结构施工

■ 知识脉络

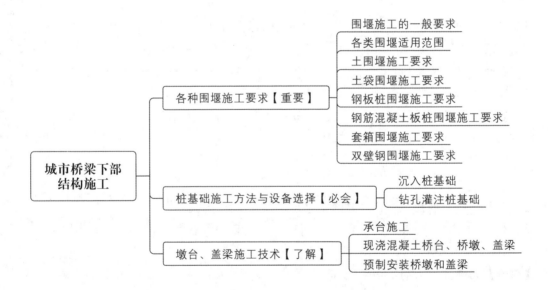

考点 1　各种围堰施工要求【重要】

1. 【单选】大型河流的深水基础，覆盖层较薄、平坦的岩石河床宜使用（　　）。
   A. 土袋围堰　　　　　　　　　　　B. 堆石土围堰
   C. 钢板桩围堰　　　　　　　　　　D. 双壁围堰

2. 【单选】钢板桩围堰不宜在（　　）的河床中使用。
   A. 风化岩　　　　　　　　　　　　B. 黏性土
   C. 碎石土　　　　　　　　　　　　D. 大漂石

3. 【单选】适用于深水或深基坑，流速较大的砂类土、黏性土、碎石土河床，可作为基础结构

的一部分，也可拔除周转使用的是（　　）。
A. 钢板桩围堰　　　　　　　　　　B. 钢筋混凝土板桩围堰
C. 钢套箱围堰　　　　　　　　　　D. 双壁围堰

4. 【多选】钢筋混凝土板桩围堰适用于（　　）河床。
A. 黏性土　　　　　　　　　　　　B. 粉性土
C. 砂类土　　　　　　　　　　　　D. 碎石土
E. 岩石类

5. 【单选】土围堰内坡脚与基坑边的距离不得小于（　　）m。
A. 1.0　　　　　　　　　　　　　B. 1.1
C. 1.2　　　　　　　　　　　　　D. 1.5

6. 【单选】钢板桩围堰施打顺序按施工组织设计规定进行，一般为（　　）。
A. 从下游分两头向上游施打至合龙
B. 从上游开始逆时针施打至合龙
C. 从上游分两头向下游施打至合龙
D. 从上游开始顺时针施打至合龙

7. 【单选】关于套箱围堰施工技术要求的说法，错误的是（　　）。
A. 可用木板、钢板或钢丝网水泥制作箱体
B. 箱体可制成整体式或装配式
C. 在箱体壁四周应留射水通道
D. 箱体内应设木、钢支撑

考点 2　桩基础施工方法与设备选择【必会】

1. 【单选】关于沉入桩施工技术要求的说法，错误的是（　　）。
A. 预制桩的接桩可采用焊接、法兰连接或机械连接
B. 沉桩时，桩锤、桩帽或送桩帽应和桩身在同一中心线上
C. 打密集桩群，一般是由前排向后排打
D. 桩终止锤击的控制应视桩端土质而定，一般情况下以控制桩端设计标高为主，贯入度为辅

2. 【单选】钻孔埋桩宜用于（　　）。
A. 砾石、黏性土
B. 密实的黏性土、砾石、风化岩
C. 软黏土（标准贯入度 $N<20$）、淤泥质土
D. 黏土、砂土、碎石土且河床覆土较厚的情况

3. 【单选】关于沉桩准备工作的说法，错误的是（　　）。
A. 沉桩前应掌握工程地质钻探资料、水文资料和打桩资料
B. 处理地上（下）障碍物，平整场地，并应满足沉桩所需的地面承载力
C. 在城区、居民区等人员密集的场所应根据现场环境状况采取降低噪声的措施
D. 用于地下水有侵蚀性的地区或腐蚀性土层的钢桩应按照设计要求做好防腐处理

4.【单选】应通过试桩或做沉桩试验后会同监理及设计单位研究确定的沉桩指标是（　　）。
   A. 贯入度　　　　　　　　　　　　　B. 桩端标高
   C. 桩身强度　　　　　　　　　　　　D. 承载能力

5.【单选】钻孔灌注桩灌注水下混凝土时，在桩顶设计标高以上加灌一定高度，其作用是（　　）。
   A. 避免导管漏浆　　　　　　　　　　B. 避免桩身夹泥断桩
   C. 保证桩顶混凝土质量　　　　　　　D. 放慢混凝土灌注速度

6.【单选】水下混凝土灌注施工中，导管埋入混凝土的深度宜为（　　）。
   A. 0.5～1.0m　　　　　　　　　　　 B. 2.0～6.0m
   C. 0.8～1.5m　　　　　　　　　　　 D. 2.0～4.0m

7.【单选】钻孔灌注桩所用的水下混凝土须具备良好的和易性，坍落度至少宜为（　　）mm。
   A. 220　　　　　　　　　　　　　　 B. 200
   C. 180　　　　　　　　　　　　　　 D. 160

8.【多选】关于正、反循环钻孔的说法，正确的有（　　）。
   A. 泥浆护壁成孔时，根据泥浆补给情况控制钻进速度
   B. 发生斜孔、塌孔和护筒周围冒浆、失稳等现象时，应停钻采取相应措施
   C. 钻孔达到设计深度，灌注混凝土之前，孔底沉渣厚度应符合设计要求
   D. 设计未要求时，端承型桩的沉渣厚度不应大于150mm
   E. 摩擦型桩的桩径不大于1.5m时，沉渣厚度小于等于200mm

考点 3　墩台、盖梁施工技术【了解】

1.【单选】关于承台施工要求的说法，正确的是（　　）。
   A. 承台施工前应检查基桩位置，确认符合设计要求
   B. 承台基坑无水，设计无要求时，基底可铺10cm厚碎石垫层
   C. 承台基坑有渗水，设计无要求时，基底应浇筑10cm厚混凝土垫层
   D. 水中高桩承台采用套箱法施工时，套箱顶面高程可等于施工期间的最高水位

2.【单选】桥台混凝土分块浇筑时，桥台水平截面积在200m²内不得超过（　　）块。
   A. 1　　　　　　　　　　　　　　　 B. 2
   C. 3　　　　　　　　　　　　　　　 D. 4

3.【单选】柱式桥墩模板、支架除应满足强度、刚度要求外，其稳定计算中还应考虑（　　）影响。
   A. 振捣　　　　　　　　　　　　　　B. 冲击
   C. 风力　　　　　　　　　　　　　　D. 水力

4.【单选】钢管混凝土墩柱应采用（　　）混凝土，一次连续浇筑完成。
   A. 补偿收缩　　　　　　　　　　　　B. 自流平
   C. 速凝　　　　　　　　　　　　　　D. 早强

5.【多选】关于柱式桥墩施工要求的说法，正确的有（　　）。
   A. 墩柱与承台基础接触面应凿毛处理，清除钢筋污锈

B. 浇筑墩柱混凝土时，应铺同强度配合比的水泥砂浆一层

C. 柱身高度内有系梁连接时，系梁应与柱同步浇筑

D. V形墩柱混凝土应对称浇筑

E. 采用预制混凝土管做柱身外模时，管节接缝无须处理

6.【多选】关于重力式砌体桥墩、桥台施工要求的说法，正确的有（　　）。

A. 桥墩、桥台砌筑前，应清理基础，保持洁净，并测量放线，设置线杆

B. 桥墩、桥台砌体应采用坐浆法分层砌筑，竖缝均应错开，不得贯通

C. 砌筑桥墩、桥台镶面石应从直线部分开始

D. 桥墩分水体镶面石的抗压强度不得低于设计要求

E. 砌筑的石料和混凝土预制块应清洗干净，保持湿润

第三节　桥梁支座施工

知识脉络

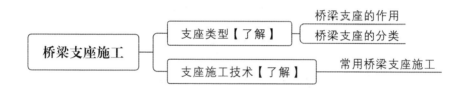

考点 1　支座类型【了解】

1.【单选】在桥梁支座的分类中，固定支座是按（　　）分类的。

A. 变形可能性　　　　　　　　　B. 结构形式

C. 价格高低　　　　　　　　　　D. 所用材料

2.【单选】关于桥梁支座的说法，错误的是（　　）。

A. 支座传递上部结构承受的荷载

B. 支座传递上部结构承受的位移

C. 支座传递上部结构承受的转角

D. 支座对桥梁变形的约束应尽可能的大，以限制钢梁自由伸缩

考点 2　支座施工技术【了解】

1.【单选】桥梁活动支座安装时，应在聚四氟乙烯板顶面凹槽内满注（　　）。

A. 丙酮　　　　　　　　　　　　B. 硅脂

C. 清机油　　　　　　　　　　　D. 脱模剂

2.【多选】关于支座施工一般规定的说法，正确的有（　　）。

A. 当实际支座安装温度与设计要求不同时，应通过计算设置支座顺桥方向的预偏量

B. 支座安装平面位置和顶面高程必须正确，不得偏斜、脱空、不均匀受力

C. 活动支座安装前应采用丙酮或酒精解体清洗其各相对滑移面

D. 活动支座聚四氟乙烯板顶面凹槽内满注丙酮

E. 墩台帽、盖梁上的支座垫石和挡块宜二次浇筑,确保其高程和位置的准确

3.【单选】下列关于桥梁支座施工的说法,错误的是(　　)。

A. 当实际支座安装温度与设计要求不同时,应通过计算设置支座顺桥方向的预偏量

B. 墩台帽、盖梁上的支座垫石和挡块宜一次浇筑

C. 板式橡胶支座安装前,应将垫石顶面清理干净,采用干硬性水泥砂浆抹平

D. 板式橡胶支座施工时,梁、板应与支座密贴

第四节　城市桥梁上部结构施工

■ 知识脉络

城市桥梁上部结构施工
- 装配式桥梁施工技术【重要】
- 现浇预应力(钢筋)混凝土连续梁施工技术【必会】
- 钢梁施工技术【了解】
- 钢—混凝土组合梁施工技术【了解】

考点 1　装配式桥梁施工技术【重要】

1.【单选】下列不属于装配式梁(板)架设方法的是(　　)。

A. 起重机架梁法　　　　　　　　　　B. 跨墩龙门吊架梁法

C. 架桥机悬拼法　　　　　　　　　　D. 穿巷式架桥机架梁法

2.【单选】吊装梁长 25m 以上的预应力简支梁前,应验算裸梁的(　　)。

A. 抗弯性　　　　　　　　　　　　　B. 稳定性

C. 抗剪性　　　　　　　　　　　　　D. 抗扭性

3.【单选】后张法预应力梁吊装时,如设计无要求,其孔道水泥浆的强度一般不低于(　　)MPa。

A. 20　　　　　B. 25　　　　　C. 30　　　　　D. 35

4.【单选】关于装配式桥梁施工技术的说法,正确的是(　　)。

A. 腹板底部为扩大断面的 T 形梁,应先浇筑上部腹板并振实后,再浇筑扩大部分

B. 预应力混凝土构件吊装时,如设计无规定,混凝土强度不应低于设计强度的 75%

C. 吊装时构件的吊环应顺直,吊绳与起吊构件的交角不宜大于 60°

D. 使用橡胶充气气囊作为空心梁板或箱形梁的内模

5.【单选】关于装配式预制混凝土梁存放的说法,正确的是(　　)。

A. 预制梁可直接支承在混凝土存放台座上

B. 构件应按其安装的先后顺序编号存放

C. 多层叠放时,各层垫木的位置应在竖直线上错开

D. 预应力混凝土梁存放时间最长为 6 个月

6.【多选】关于先简支后连续梁安装的说法，正确的有（　　）。
A. 临时支座顶面的相对高差不应大于 5mm
B. 湿接头混凝土的养护时间不应少于 14d
C. 同一片梁的临时支座不应同时拆除
D. 湿接头的混凝土宜在一天中气温较高的时段浇筑
E. 一联中的全部湿接头应一次浇筑完成

考点 2　现浇预应力（钢筋）混凝土连续梁施工技术【必会】

1.【单选】在移动模架上浇筑预应力连续梁时，浇筑分段工作缝，必须设在（　　）附近。
A. 正弯矩区　　B. 负弯矩区　　C. 无规定　　D. 弯矩零点

2.【多选】关于支架法现浇预应力混凝土连续梁的说法，正确的有（　　）。
A. 支架的地基承载力应符合要求
B. 应有简便可行的落架拆模措施
C. 各种支架和模板安装后，宜采取预压方法消除拼装间隙和地基沉降等弹性变形
D. 安装支架时，如跨度小于 8m 可不设置预拱度
E. 支架底部应有良好的排水措施

3.【单选】挂篮组装后，应全面检查安装质量，并应做（　　）试验，以消除非弹性变形。
A. 抗滑
B. 载重
C. 弹性
D. 非弹性

4.【单选】关于桥梁悬臂浇筑法施工的说法，错误的是（　　）。
A. 浇筑混凝土时，宜从与前段混凝土连接端开始，最后结束于悬臂前端
B. 中跨合龙段应最后浇筑，混凝土强度宜提高一级
C. 桥墩两侧梁段悬臂施工应对称平衡
D. 连续梁的梁跨体系转换，应在解除各墩临时固结后进行

5.【单选】关于悬臂浇筑混凝土连续梁合龙的说法，错误的是（　　）。
A. 合龙顺序一般是先边跨、后次跨、最后中跨
B. 合龙段的长度宜为 2m
C. 合龙宜在一天中气温最高时进行
D. 合龙段混凝土强度宜提高一级

6.【多选】预应力混凝土连续梁，悬臂浇筑段前端底板和桥面高程的确定是连续梁施工的关键问题之一，施工过程中需要监测的项目有（　　）。
A. 挂篮前端的垂直变形值
B. 预拱度设置
C. 施工中已浇段的实际标高
D. 温度影响
E. 风力影响

考点 3　钢梁施工技术【了解】

1.【多选】下列钢梁安装的做法，正确的是（　　）。
A. 高强度螺栓穿入孔内应顺畅，不得强行敲入

B. 高强度螺栓穿入方向应全桥一致

C. 高强度螺栓施拧顺序为从板束刚度大、缝隙大处开始，由外向中间拧紧

D. 高强度螺栓施拧时，应采用冲击拧紧和间断拧紧

E. 高强度螺栓终拧完毕必须当班检查

2. 【单选】关于钢梁施工的说法，正确的是（　　）。

A. 人行天桥钢梁出厂前可不进行试拼装

B. 多节段钢梁安装时，应全部节段安装完成后再测量其位置、标高和预拱度

C. 施拧钢梁高强度螺栓时，最后应采用木棍敲击拧紧

D. 涂装前应先进行除锈处理。首层底漆于除锈后 4h 内开始，8h 内完成

3. 【单选】安装钢梁时，工地焊接连接的焊接顺序宜为（　　）对称进行。

A. 纵向从跨中向两端、横向从两侧向中线

B. 纵向从两端向跨中、横向从两侧向中线

C. 纵向从跨中向两端、横向从中线向两侧

D. 纵向从两端向跨中、横向从中线向两侧

考点 4　钢—混凝土组合梁施工技术【了解】

1. 【多选】钢—混凝土组合梁一般用于大跨径或较大跨径的桥跨结构，其目的是（　　）。

A. 减轻桥梁结构自重　　　　　　B. 降低施工难度

C. 减少施工对交通和环境的影响　　D. 降低施工成本

E. 桥型美观

2. 【多选】钢—混凝土组合梁混凝土桥面浇筑所采用的混凝土宜具有（　　）等特性。

A. 缓凝　　　　　　　　　　　　B. 早强

C. 补偿收缩性　　　　　　　　　D. 速凝

E. 自密式

3. 【单选】钢—混凝土组合梁一般由钢梁和钢筋混凝土桥面板两部分组成。钢梁由工字形截面或槽形截面构成，钢梁之间设横梁（横隔梁），钢梁上浇筑预应力钢筋混凝土。在钢梁与钢筋混凝土板之间设（　　），二者共同工作。

A. 抗拉器　　　　　　　　　　　B. 抗压器

C. 传剪器　　　　　　　　　　　D. 抗弯器

4. 【多选】钢—混凝土组合梁施工中，浇筑混凝土前，应对钢主梁的（　　）进行检查验收。

A. 安装位置　　　　　　　　　　B. 几何尺寸

C. 高程　　　　　　　　　　　　D. 纵横向连接

E. 施工支架

5. 【单选】关于钢—混凝土组合梁施工技术的说法，错误的是（　　）。

A. 钢—混凝土组合梁结构适用于城市大跨径或较大跨径的桥梁工程

B. 钢梁与混凝土板之间设传剪器，二者共同工作

C. 现浇混凝土结构宜采用缓凝、早强、补偿收缩性混凝土

D. 混凝土桥面结构浇筑顺桥向应先由中间开始向两侧扩展

第五节 桥梁桥面系及附属结构施工

■ 知识脉络

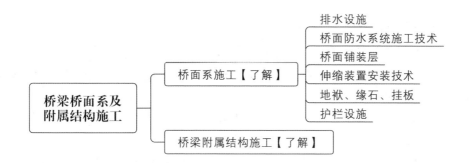

考点 1 桥面系施工【了解】

1. 【单选】桥面铺装基层混凝土强度应达到设计强度的（　　）以上，方可进行防水层施工。
   A. 50%
   B. 75%
   C. 80%
   D. 100%

2. 【单选】关于桥梁防水涂料的说法，正确的是（　　）。
   A. 防水涂料配料时，可掺加少量结块的涂料
   B. 防水涂料第一遍涂刷完成后应立即涂布第二遍涂料
   C. 涂料防水层内设置的胎体增强材料，应顺桥面行车方向铺贴
   D. 防水涂料施工应先进行大面积涂布，再做好节点处理

3. 【多选】关于桥梁防水系统基层施工的说法，错误的有（　　）。
   A. 基层混凝土强度达到设计强度75%以上，方可进行防水层施工
   B. 基层混凝土表面粗糙度处理宜采用抛丸打磨
   C. 基层处理剂应先进行大面积基层面的喷涂，再对桥面排水口、转角等处涂刷
   D. 基层处理剂喷涂应均匀，覆盖完全，待其干燥后，第二天再进行防水层施工
   E. 基层处理剂可采用喷涂法或刷涂法施工

4. 【单选】下列关于桥面铺装层的说法，错误的是（　　）。
   A. 铺装层厚度不宜小于80mm，粒料不宜与桥头引道上的沥青面层一致
   B. 钢筋混凝土桥的桥面铺装一般在沥青混凝土路面铺装层以下设有水泥混凝土整平层
   C. 钢桥的桥面铺装一般采用沥青混凝土材料
   D. 在水泥混凝土桥面铺装沥青混凝土前，应对桥面进行预处理

5. 【多选】桥梁伸缩装置按传力方式和构造特点可分为（　　）。
   A. 对接式
   B. 搭接式
   C. 钢制支承式
   D. 组合剪切式
   E. 弹性装置

6.【单选】关于护栏施工技术要求的说法，正确的是（　　）。
   A. 栏杆和防撞、隔离设施应在桥梁上部结构混凝土的浇筑支架卸落前进行对称施工
   B. 预制混凝土栏杆采用榫槽连接时，安装就位后应用硬塞块固定，灌浆固结
   C. 在设置伸缩缝处，栏杆不应断开
   D. 防撞墩必须与桥面混凝土预埋件、预埋筋连接牢固，并应在施作桥面防水层后完成

考点 2　桥梁附属结构施工【了解】

【单选】关于桥梁附属结构施工的说法，错误的是（　　）。
   A. 隔声和防眩装置应在基础混凝土达到设计强度，并对焊接预埋件安全性能进行检查后，方可安装
   B. 防眩板安装应与桥梁线形一致，防眩板的荧光标识面应背向行车方向
   C. 5级（含）以上大风时不得进行隔声障安装
   D. 为防止冲刷破坏，造成海堤甚至护坦的坍陷破坏，应在护坦末端、坡脚及斜坡位置设置防冲槽

第六节　管涵和箱涵施工

知识脉络

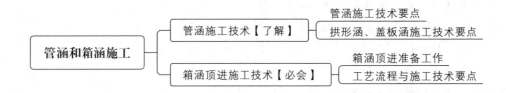

考点 1　管涵施工技术【了解】

1.【多选】管涵通常采用工厂预制钢筋混凝土管的成品管节，管节断面形式分为（　　）等。
   A. 圆形　　　　　　　　　　　　B. 椭圆形
   C. 卵形　　　　　　　　　　　　D. 矩形
   E. 正六边形

2.【单选】下列管涵施工技术要点中，错误的是（　　）。
   A. 管涵通常采用工厂预制钢筋混凝土管的成品管节
   B. 当管涵设计为混凝土或砌体基础时，基础上面应设钢筋混凝土管座
   C. 当管涵为无混凝土（或砌体）基础、管体直接设置在天然地基上时，应按照设计要求将管底土层夯压密实，并做成与管身弧度密贴的弧形管座
   D. 管涵的沉降缝应设在管节接缝处

3.【单选】拱形涵、盖板涵施工遇有地下水时，应先将地下水降至基底以下（　　）mm方可施工。
   A. 500　　　　　　　　　　　　B. 400

C. 300　　　　　　　　　　　　　　　　D. 200

4.【单选】拱形涵拱圈和拱上端墙应（　　）施工。
   A. 由中间向两侧同时、对称
   B. 由两侧向中间同时、对称
   C. 顺时针方向
   D. 逆时针方向

5.【单选】拱形涵、盖板涵两侧主结构防水层的保护层砌筑砂浆强度达到（　　）MPa才能回填土。
   A. 1.5　　　　　　　　　　　　　　　B. 2.0
   C. 2.5　　　　　　　　　　　　　　　D. 3.0

考点 2　箱涵顶进施工技术【必会】

1.【单选】箱涵顶进可采用人工挖土或机械挖土，每次开挖进尺宜为（　　）m。
   A. 0.3　　　　　　　　　　　　　　　B. 0.5
   C. 1.0　　　　　　　　　　　　　　　D. 1.5

2.【单选】箱涵顶进启动时，当顶力达到（　　）倍结构自重时箱涵未启动，应立即停止顶进。
   A. 0.4　　　　　　　　　　　　　　　B. 0.6
   C. 0.8　　　　　　　　　　　　　　　D. 1.2

3.【多选】箱涵身每前进一顶程，应观测（　　），发现偏差及时纠正。
   A. 尺寸　　　　　　　　　　　　　　B. 轴线
   C. 高程　　　　　　　　　　　　　　D. 偏差
   E. 位置

4.【多选】箱涵顶进前应检查验收（　　），必须符合要求。
   A. 箱涵主体结构的混凝土强度
   B. 后背施工
   C. 顶进设备液压系统安装及预顶试验结果
   D. 侧墙刃脚切土状况
   E. 箱涵防水层及保护层

5.【多选】关于箱涵顶进施工，在箱涵吃土顶进之前应完成的工作包括（　　）。
   A. 工程降水　　　　　　　　　　　　B. 箱体就位
   C. 既有线加固　　　　　　　　　　　D. 箱涵试顶进
   E. 拆除后背及顶进设备

第七节 城市桥梁工程安全质量控制

■ 知识脉络

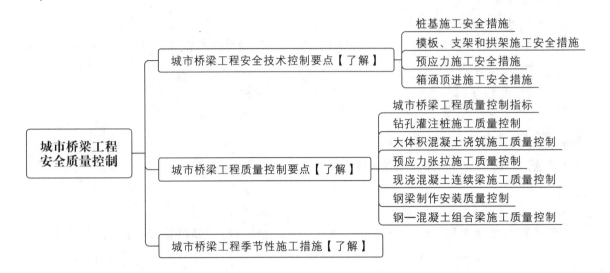

考点 1 城市桥梁工程安全技术控制要点【了解】

1.【单选】关于混凝土桩制作的说法,错误的是(　　)。
   A. 钢筋码放时,应采取防止锈蚀和污染的措施,不得损坏标牌
   B. 钢筋整捆码垛高度不宜超过1.2m
   C. 加工成型的钢筋笼、钢筋网和钢筋骨架等应水平放置
   D. 加工成型的钢筋笼的码放高度不得超过2m,码放层数不宜超过3层

2.【多选】关于钢桩制作安全要求的说法,正确的有(　　)。
   A. 露天场地制作钢桩须有防雨、防雪设施,周围应设护栏,禁止非施工人员入内
   B. 剪切、冲裁作业时,可以将数层钢板叠在一起剪切和冲裁
   C. 气割加工现场按消防规定配置消防器材,周围10m范围内不得堆放易燃易爆物品,操作者须持证上岗
   D. 焊接现场配置消防器材,周围10m范围内不得堆放易燃易爆物品,操作者须持证上岗,佩戴防护装备
   E. 涂漆作业场所应采取通风措施

3.【多选】关于箱涵顶进施工作业安全措施的说法,正确的有(　　)。
   A. 施工现场(工作坑、顶进作业区)及路基附近不得积水浸泡
   B. 按规定设立施工现场围挡,有明显的警示标志,隔离施工现场和社会活动区,实行封闭管理,严禁非施工人员入内
   C. 尽量在列车运行间隙或避开交通高峰期开挖和顶进;列车通过时,顶进应连续平稳
   D. 箱涵顶进过程中,任何人不得在顶铁、顶柱布置区内停留
   E. 箱涵顶进过程中,当液压系统发生故障时,严禁在工作状态下检查和调整

4. 【单选】相邻桩之间净距小于 5m 时,应待邻桩混凝土强度达到（   ）后,方可进行本桩钻孔。
   A. 3MPa B. 5MPa
   C. 8MPa D. 10MPa

5. 【单选】施工现场附近有 10kV 电力架空线时,必须保证钻机与电力线的安全距离大于（   ）。
   A. 4m B. 4.5m
   C. 5m D. 6m

6. 【多选】关于脚手架搭设要求的说法,正确的有（   ）。
   A. 脚手板需铺满脚手架宽度范围
   B. 脚手架可与模板支架连接使用
   C. 支搭完成后方可交付使用
   D. 严禁在脚手架上设置混凝土泵
   E. 作业平台下须设水平安全网

考点 2　城市桥梁工程质量控制要点【了解】

1. 【多选】在钻孔灌注桩施工过程中,针对孔底沉渣的控制,说法正确的是（   ）。
   A. 配备合适的泥浆指标,如密度和黏度
   B. 成孔后放置时间较长也不紧急清孔
   C. 清孔彻底,灌注前进行至少两次清孔
   D. 测定沉渣厚度,保证首灌量足够
   E. 确保水下混凝土首灌量计算准确

2. 【单选】关于预应力张拉施工质量控制压浆与封锚的说法,错误的是（   ）。
   A. 张拉后,应及时进行孔道压浆,宜采用真空辅助法压浆
   B. 预埋的排水孔和排气孔主要供管道清理使用
   C. 封锚混凝土的强度应符合设计要求,不宜低于结构混凝土强度等级的 80%,且不得低于 30MPa
   D. 孔道灌浆应填写灌浆记录

3. 【单选】钻孔灌注桩施工时,为防止塌孔与缩径,通常采取的措施之一是（   ）。
   A. 控制成孔速度 B. 部分回填黏性土
   C. 全部回填黏性土 D. 上下反复提钻扫孔

4. 【单选】大体积水泥混凝土浇筑施工容易产生裂缝,下列选项中,不是裂缝产生的主要原因是（   ）。
   A. 水泥用量小 B. 内外约束条件的影响
   C. 外界气温变化 D. 混凝土的收缩变形

5. 【单选】裂缝对混凝土结构的危害性由大到小的排列顺序是（   ）。
   A. 贯穿裂缝、深层裂缝、表面裂缝
   B. 深层裂缝、表面裂缝、贯穿裂缝
   C. 贯穿裂缝、表面裂缝、深层裂缝
   D. 深层裂缝、贯穿裂缝、表面裂缝

6. 【多选】下列选项中,属于大体积混凝土构筑物产生裂缝的原因有（　　）。
   A. 构筑物体积
   B. 内外约束条件的影响
   C. 混凝土的收缩变形
   D. 外界气温变化的影响
   E. 水泥水化热的影响

7. 【多选】下列关于大体积混凝土构筑物施工过程中防止裂缝的技术措施,正确的有（　　）。
   A. 选用水化热较低的水泥
   B. 增加水泥用量
   C. 分层浇筑混凝土
   D. 控制混凝土坍落度在 200mm
   E. 采用内部降温法来降低混凝土内外温差

8. 【多选】大体积混凝土在施工阶段的混凝土内部温度由（　　）叠加而成。
   A. 浇筑温度
   B. 散热温度
   C. 混凝土出盘温度
   D. 水泥水化热引起的绝热温度
   E. 混凝土入模温度

9. 【单选】下列关于大体积混凝土浇筑与振捣措施的说法,错误的是（　　）。
   A. 混凝土浇筑层厚度应根据所用振捣器作用深度及混凝土的和易性确定,整体连续浇筑时宜为 300～500mm
   B. 混凝土宜采用泵送方式和二次振捣工艺
   C. 整体分层连续浇筑或推移式连续浇筑,应增加间歇时间,并应在前层混凝土初凝之前将次层混凝土浇筑完毕
   D. 大体积混凝土底板与侧墙相连接的施工缝,当有防水要求时,宜采取钢板止水带等处理措施

考点 3　城市桥梁工程季节性施工措施【了解】

【多选】关于冬期混凝土施工的措施,正确的有（　　）。
A. 拌制混凝土应优先选用加热水的方法,水加热温度不宜高于 80℃
B. 环境气温低于 -10℃ 时,应将直径 25mm 以上钢筋加热至 0℃ 以上
C. 浇筑混凝土前,应清除模板上的冰雪
D. 冬期混凝土宜选用高水胶比和大坍落度的混凝土
E. 结构易受冻部位应加强保温,室外最低气温不低于 -15℃ 时可采用蓄热法养护

第三章 城市隧道工程

第一节 施工方法与结构形式

■ 知识脉络

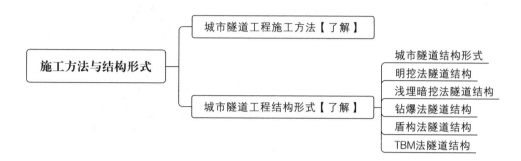

考点 1　城市隧道工程施工方法【了解】

1.【多选】浅埋暗挖法的"十八字方针"的原则有（　　）。
　　A. 严注浆　　　　　　　　　　B. 勤量测
　　C. 快开挖　　　　　　　　　　D. 强支护
　　E. 慢封闭

2.【多选】关于城市隧道施工方法的说法，正确的有（　　）。
　　A. 明挖法按基坑围护不同可分为敞口放坡明挖法和有围护结构明挖法两大类
　　B. 钻爆法通过掘进机械（TBM）破碎岩石进行施工的一种方法
　　C. 盾构法适合各种水文地质条件的隧道施工
　　D. 矿山法即浅埋暗挖法，强调地表沉降控制
　　E. 在浅埋条件下修建地下工程，以控制地表沉降为前提，以改造地层条件为重点

考点 2　城市隧道工程结构形式【了解】

1.【单选】浅埋暗挖法施工隧道通常采用的复合式衬砌结构不包括（　　）。
　　A. 初期支护　　　　　　　　　B. 二次支护
　　C. 防水层　　　　　　　　　　D. 二次衬砌

2.【单选】明挖法施工的地铁区间隧道结构通常采用（　　）断面。
　　A. 梯形　　　　　　　　　　　B. 矩形
　　C. 圆形　　　　　　　　　　　D. 拱形

3.【单选】矿山法施工隧道的衬砌主要为（　　）衬砌。
　　A. 复合式　　　　　　　　　　B. 单层喷锚支护
　　C. 等截面直墙式　　　　　　　D. 变截面曲墙式

第二节 地下水控制

知识脉络

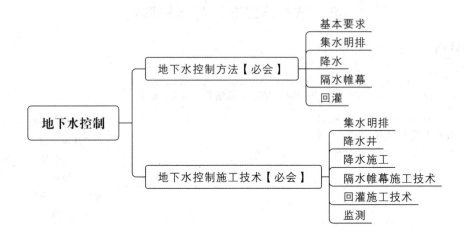

考点 1　地下水控制方法【必会】

1.【多选】隔水帷幕按布置方式可分为（　　）。
   A. 悬挂式竖向隔水帷幕　　　　　　B. 嵌入式隔水帷幕
   C. 落底式竖向隔水帷幕　　　　　　D. 水平向隔水帷幕
   E. 支护结构自渗式隔水帷幕

2.【单选】目前，隔水帷幕常用的施工方法不包括（　　）。
   A. 注浆法　　　　　　　　　　　　B. 压实法
   C. 水泥土搅拌法　　　　　　　　　D. 地下连续墙

3.【单选】土层为砂性土，降水深度为24m，这种情况下适合采用（　　）降水。
   A. 集水明排法　　　　　　　　　　B. 管井法
   C. 喷射井点法　　　　　　　　　　D. 轻型井点法

4.【单选】下列关于地下水回灌的说法，正确的是（　　）。
   A. 地下水回灌仅在降水工程不影响周边环境时进行
   B. 地下水回灌不可以采用管井回灌方法
   C. 地下水回灌方式不包括重力回灌
   D. 回灌的水质应达到或优于回灌目标含水层的水质

考点 2　地下水控制施工技术【必会】

1.【单选】关于真空井点降水井布置的说法，错误的是（　　）。
   A. 当真空井点孔口至设计降水水位的深度不超过6.0m时，宜采用单级真空井点
   B. 当大于6.0m且场地条件允许时，可采用多级真空井点降水
   C. 集水总管宜沿抽水水流方向布设，坡度宜为0.25%～0.50%
   D. 多级井点上下级高差宜取0.8～2.0m

2. 【单选】下列关于集水明排设施的描述，正确的是（　　）。
   A. 明沟可布置在拟建工程基础边 0.2m 以内
   B. 集水井的底面不需要低于沟底面
   C. 明沟、集水井与市政管网连接口之间无须设置沉淀池
   D. 集水明排系统可在有渗水的基坑边坡上透水处设置，用于分层阻截和排除地下水

3. 【单选】在进行降水系统布设时，关于降水井点的位置，描述错误的是（　　）。
   A. 面状降水工程的降水井点宜沿降水区域周边封闭布置，距开挖上口边线不宜小于 1m
   B. 线状、条状降水工程的降水井宜采用单排布置，两端不需外延降水井
   C. 当地下水流速较小时，降水井点宜等间距布置
   D. 对于多层含水层，可以分层布置降水井点

第三节　明挖法施工

知识脉络

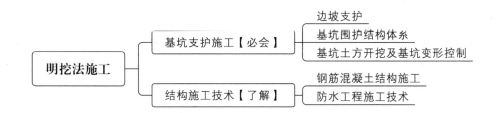

考点 1　基坑支护施工【必会】

1. 【单选】下列关于基坑边坡分级放坡的设计，描述正确的是（　　）。
   A. 分级过渡平台的宽度，对于岩石边坡不宜小于 1.0m
   B. 土质边坡分级过渡平台最小宽度必须超过 2.0m
   C. 分级放坡时，下级放坡坡度宜与上级相同
   D. 分级放坡时，下级放坡坡度应缓于上级放坡坡度

2. 【单选】下列关于基坑边坡稳定控制措施的描述，错误的是（　　）。
   A. 应严格按照设计坡度进行边坡开挖，不得挖反坡
   B. 在基坑周围影响边坡稳定的范围内，不必采取任何防水排水措施
   C. 基坑边坡顶附近应禁止堆放重物或施工机械
   D. 土质边坡开挖时，应及时采取排水和边坡防护措施

3. 【多选】基坑支护施工时，造成基坑周围地层移动的主要因素有（　　）。
   A. 地下承压水　　　　　　　　　　　B. 围护结构的水平位移
   C. 围护结构的竖向变位　　　　　　　D. 坑底土体隆起
   E. 基坑开挖深度

4. 【多选】在地基处理中，按注浆方法所依据的理论主要可分为（　　）。
   A. 挤压注浆　　　　　　　　　　　　B. 电动化学注浆

C. 压密注浆　　　　　　　　　　　　D. 劈裂注浆
E. 渗透注浆

5. 【单选】下列选项中,可用于非饱和土体的注浆方法是（　　）。
   A. 渗透注浆　　　　　　　　　　　　B. 劈裂注浆
   C. 压密注浆　　　　　　　　　　　　D. 电动化学注浆

6. 【多选】水泥土搅拌法加固软土技术的特点有（　　）。
   A. 最大限度利用原土
   B. 可在密集建筑群中进行施工
   C. 对周围原有建筑物影响较大
   D. 加固形式可采用柱状、壁状、格栅状和块状
   E. 节约钢材并降低造价

7. 【单选】双管法高压喷射注浆中,喷射的介质是（　　）。
   A. 水泥浆液和高压水流　　　　　　　B. 水泥浆液和压缩空气
   C. 压缩空气和高压水流　　　　　　　D. 水泥浆液和固化剂

8. 【多选】结构材料可部分或全部回收利用的基坑围护结构有（　　）。
   A. 地下连续墙　　　　　　　　　　　B. 钢板桩
   C. 钻孔灌注桩　　　　　　　　　　　D. 深层搅拌桩
   E. SMW 工法桩

9. 【单选】预制混凝土板桩围护结构最常用的截面形式是（　　）。
   A. T 形　　　　　　　　　　　　　　B. 工字形
   C. 矩形　　　　　　　　　　　　　　D. 口字形

10. 【多选】当地下连续墙作为主体地下结构外墙,且需要形成整体墙时,宜采取（　　）。
    A. 一字形穿孔钢板接头　　　　　　　B. 十字形穿孔钢板接头
    C. T 形钢接头　　　　　　　　　　　D. 工字形钢接头
    E. 钢筋承插式接头

11. 【多选】下列关于地下连续墙优点的说法,正确的有（　　）。
    A. 施工时振动大、噪声高　　　　　　B. 墙体刚度大
    C. 对周边地层扰动小　　　　　　　　D. 适用于多种土层
    E. 各种地层均能高效成槽

12. 【多选】下列关于重力式水泥土墙的说法,正确的有（　　）。
    A. 墙体止水性好,造价低
    B. 采用格栅形式时,在淤泥质土中面积转换率不宜小于 0.7
    C. 杆筋插入深度宜小于基坑深度,并应锚入面板内
    D. 28d 无侧限抗压强度不宜小于 0.5MPa
    E. 面板厚度不宜小于 150mm,混凝土强度等级不宜低于 C20

13. 【单选】设置内支撑的基坑围护结构挡土的应力传递路径是（　　）。
    A. 围护墙→支撑→围檩　　　　　　　B. 支撑→围檩→围护墙
    C. 围护墙→围檩→支撑　　　　　　　D. 围檩→支撑→围护墙

14.【多选】下列控制基坑变形的做法中，正确的有（   ）。
   A. 增加围护结构和支撑的刚度
   B. 增加围护结构的入土深度
   C. 加固基坑内被动土压区土体
   D. 增加每次开挖围护结构处的土体尺寸
   E. 缩短开挖后未及时支撑的暴露时间

15.【多选】基坑内加固地基的主要目的有（   ）。
   A. 减少围护结构位移　　　　　　　B. 提高坑内土体强度
   C. 提高土体的侧向抗力　　　　　　D. 防止坑底土体隆起
   E. 减少围护结构的主动土压力

考点 2　结构施工技术【了解】

1.【多选】关于水泥砂浆防水层施工的说法，正确的有（   ）。
   A. 防水砂浆宜采用单层抹压法施工
   B. 施工前，基层面应坚实、无起砂现象，湿润但无明水
   C. 分层施工时，层与层间搭接不必紧密
   D. 特殊部位应先嵌填密实，后大面铺抹，外层提浆压光
   E. 养护温度不宜低于5℃，养护时间不少于14d

2.【多选】关于卷材防水层施工的说法，正确的有（   ）。
   A. 基面应坚实、平整、清洁
   B. 五级及以上大风天气禁止铺贴卷材
   C. 不同品种防水卷材搭接宽度需符合规范要求
   D. 雨天可进行卷材施工，需做好防护
   E. 搭接卷材接缝处应采用相容密封材料封缝

3.【多选】关于地下工程施工缝的做法，正确的有（   ）。
   A. 水平施工缝应留设在底板表面上250mm
   B. 墙体与拱交接的施工缝宜设在拱与墙体交接处下150～300mm
   C. 垂直施工缝应避开裂隙水较多的地段
   D. 施工缝处理时不需要清理表面浮浆和杂物
   E. 遇水膨胀止水条的搭接宽度不得小于30mm

4.【多选】关于穿墙管的防水措施，说法正确的有（   ）。
   A. 固定式穿墙管应加焊止水环并防腐
   B. 穿墙管应在主体结构背水面预留凹槽
   C. 主体结构迎水面柔性层与穿墙管连接应增设加强层
   D. 穿墙管可直接与柔性防水层粘结，无需加强层
   E. 套管与穿墙管之间用橡胶圈密封，并用法兰盘固定

第四节 浅埋暗挖法施工

知识脉络

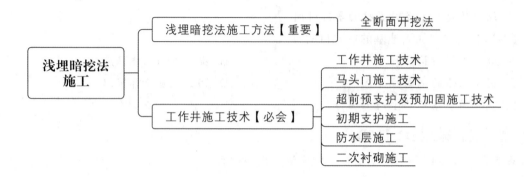

考点 1　浅埋暗挖法施工方法【重要】

1.【单选】关于全断面开挖法的说法，不正确的是（　　）。
　A. 适用于土质稳定、断面较小的隧道施工
　B. 采取自上而下一次开挖成型
　C. 优点是可以减少开挖对围岩的扰动次数
　D. 适宜大型机械作业

2.【单选】全断面开挖法对地质条件要求严格，围岩必须有足够的（　　）。
　A. 强度　　　　B. 自稳能力　　　　C. 抵抗变形能力　　　　D. 不透水性

考点 2　工作井施工技术【必会】

1.【单选】锁口圈梁混凝土强度应达到设计强度的（　　）及以上时，方可向下开挖竖井。
　A. 50%　　　　B. 70%　　　　C. 75%　　　　D. 80%

2.【单选】关于隧道工程中马头门的施工要求，说法错误的是（　　）。
　A. 破除竖井井壁顺序，宜先拱部、再侧墙、最后底板
　B. 马头门标高不一致时，宜遵循"先低后高"的原则
　C. 一侧掘进 10m 后，可开启另一侧马头门
　D. 马头门处隧道应密排三榀格栅钢架

3.【多选】竖井井口防护应符合的规定有（　　）。
　A. 竖井应设置防雨棚
　B. 洞门土体加固
　C. 竖井应设置挡水墙
　D. 竖井应设置安全护栏，且护栏高度不应小于 1.2m
　E. 竖井周边应架设安全警示装置

4.【多选】关于超前支护结构施工技术的说法，错误的有（　　）。
　A. 前后两排小导管的水平支撑搭接长度不应小于 3m

B. 超前小导管应从钢格栅的腹部穿过，后端应支承在已架设好的钢格栅上
C. 小导管其端头应封闭并制成锥状，尾端设钢筋加强箍
D. 注浆浆液应根据地质条件、经现场试验确定
E. 注浆材料可采用缓凝混凝土

5.【多选】浅埋暗挖法施工地下结构需采用初期支护时，支护结构形式主要有（　　）。
A. 喷射混凝土　　　　　　　　　　B. 管棚支护
C. 钢格栅拱架　　　　　　　　　　D. 纵向连接筋
E. 钢筋网片

6.【单选】喷射混凝土应紧跟开挖工作面，应分段、分片、分层，按（　　）顺序进行。
A. 由中间向两侧　　　　　　　　　B. 由两侧向中间
C. 由上而下　　　　　　　　　　　D. 由下而上

第五节　城市隧道工程安全质量控制

知识脉络

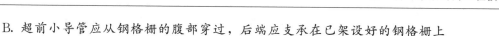

考点 1　城市隧道工程安全技术控制要点【了解】

【单选】下列选项中，不属于基坑开挖时对现况地下管线的安全保护措施的是（　　）。
A. 悬吊、加固　　　　　　　　　　B. 现况管线调查
C. 加强对现况管线监测　　　　　　D. 管线拆迁、改移

考点 2　城市隧道工程质量控制要点【了解】

【单选】浅埋暗挖法二次衬砌应在（　　）施工。
A. 结构变形基本稳定后　　　　　　B. 地层变形稳定后
C. 隧道贯通后　　　　　　　　　　D. 防水层施工前

考点 3　城市隧道工程季节性施工措施【了解】

【单选】关于城市隧道工程冬期施工控制要点，说法正确的是（　　）。
A. 防水混凝土的冬期施工入模温度不应低于5℃，宜掺入混凝土缓凝剂等外加剂
B. 卷材防水层施工时，热熔法、焊接法施工的环境气温不宜低于5℃
C. 涂料防水层不得在施工环境温度低于0℃时施工
D. 当温度改变引起的支撑结构内力不可忽略不计时，应考虑温度应力

第四章 城市管道工程

第一节 城市给水排水管道工程

■ 知识脉络

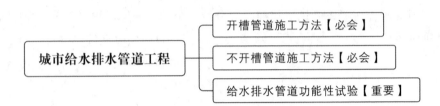

考点 1 开槽管道施工方法【必会】

1. 【单选】开槽管道施工,排水不良造成地基土扰动时,扰动深度在300mm以内,但下部坚硬,宜填( )。
   A. 卵石或砂砾
   B. 卵石或块石
   C. 级配砾石或级配碎石
   D. 天然级配砂石或砂砾

2. 【多选】沟槽开挖前编制的沟槽施工方案应包含的主要内容有( )。
   A. 沟槽施工平面布置图及开挖断面图
   B. 沟槽形式、开挖方法及堆土要求
   C. 施工设备机具的型号、数量及作业要求
   D. 无支护沟槽的边坡要求
   E. 安管方案

3. 【单选】当设计无要求时,管道沟槽底部开挖宽度计算的经验公式为( )。
   A. $B=D_0+2\times(b_1+b_2)$
   B. $B=D_0+(b_1+b_2+b_3)$
   C. $B=D_0+2\times(b_1+b_2+b_3)$
   D. $B=D_0+2\times(b_1+b_2)$

4. 【单选】当地质条件良好、土质均匀、地下水位低于沟槽底面高程,且开挖深度在5m以内、沟槽不设支撑时,在相同的条件下放坡开挖沟槽,可采用最陡边坡的土层是( )。
   A. 中密的碎石类土(充填物为砂土)
   B. 中密的砂土
   C. 老黄土
   D. 硬塑的粉土

5. 【单选】下列关于沟槽开挖的说法,错误的是( )。
   A. 人工开挖沟槽的槽深超过3m时应分层开挖,每层的深度不超过2m
   B. 机械挖槽时,沟槽分层深度按机械性能确定
   C. 人工开挖多层沟槽的层间留台宽度:放坡开槽时不应小于0.5m
   D. 人工开挖多层沟槽的层间留台宽度:安装井点设备时不应小于1.5m

6. 【单选】槽底原状地基土不得扰动,机械开挖时槽底预留( )mm土层,由人工开挖至

槽底设计高程。
A. 100～150 B. 150～200
C. 200～300 D. 300～500

7.【单选】采用焊接接口时，两端管的环向焊缝处齐平，内壁错边量不宜超过管壁厚度的（　　），且不得大于（　　）mm。管道任何位置不得有十字形焊缝。
A. 15%，2 B. 15%，3
C. 20%，2 D. 10%，3

8.【单选】开槽管段采用电熔连接、热熔连接接口时，应选择在当日（　　）时进行。
A. 温度较低或接近最低 B. 温度较高或接近最高
C. 温差较小 D. 温差较大

考点 2　不开槽管道施工方法【必会】

1.【单选】当周围环境要求控制地层变形或无降水条件时，宜采用（　　）施工。
A. 顶管法 B. 盾构法
C. 水平定向钻法 D. 夯管法

2.【多选】下列关于不开槽法管道施工的说法，正确的有（　　）。
A. 对于综合管道，可以采用密闭式顶管、盾构及浅埋暗挖法施工
B. 夯管法的施工精度不可控
C. 水平定向钻法适用于所有地层条件
D. 水平定向钻法适用于较长管道施工
E. 水平定向钻法适用于柔性管道施工

3.【多选】适用管径800mm的不开槽施工方法有（　　）。
A. 盾构法 B. 水平定向钻法
C. 密闭式顶管法 D. 夯管法
E. 浅埋暗挖法

考点 3　给水排水管道功能性试验【重要】

1.【多选】压力管道应按规范进行水压试验，试验分为预试验和主试验阶段，试验合格的判断依据分为（　　），按设计要求确定。
A. 允许压力降值 B. 严密性
C. 闭气性 D. 允许渗水量值
E. 强度

2.【单选】关于无压管道功能性试验的说法，正确的是（　　）。
A. 当管道内径小于700mm时，可抽取1/3井段数量进行试验
B. 除设计有要求外，压力管道水压试验的管段长度不宜大于1.0km
C. 应采用水压试验
D. 试验期间，渗水量的观测时间不得小于20min

3.【单选】关于给水排水管道功能性试验的说法，正确的是（　　）。
A. 压力管道严密性试验分为闭水试验和闭气试验

B. 无压管道的水压试验分为预试验和主试验阶段

C. 向管道注水时应从下游缓慢注入

D. 下雨时可以进行闭气试验

4.【多选】特殊管道严密性试验时，管道单口水压试验合格，且设计无要求时，压力管道可免去预试验阶段，而直接进行主试验阶段的管道有（　　）。

A. 大口径球墨铸铁管　　　　　　　B. 预应力钢筒混凝土管

C. 玻璃钢管　　　　　　　　　　　D. PE 管

E. 钢管

5.【单选】关于无压管道闭水试验准备工作的说法，错误的是（　　）。

A. 管道及检查井外观质量已验收合格　　B. 开槽管道未回填土且沟槽内无积水

C. 试验管段所有敞口应封闭　　　　　　D. 全部预留孔应封堵，不得渗水

6.【多选】关于给水排水压力管道水压试验的准备工作，说法正确的有（　　）。

A. 开槽施工管道未回填土且沟槽内无积水

B. 应做好水源引接、排水等疏导方案

C. 试验前应清除管道内的杂物

D. 试验管段所有敞口应封闭，不得有渗漏水现象

E. 试验管段不得用闸阀做堵板，不得含有消火栓、水锤消除器、安全阀等附件

7.【单选】关于闭水试验试验水头的确定方法，不正确的是（　　）。

A. 试验段上游设计水头不超过管顶内壁时，试验水头应以试验段上游管顶内壁加 2m 计

B. 试验段上游设计水头超过管顶内壁时，试验水头应以试验段上游设计水头加 2m 计

C. 计算出的试验水头大于 10m，试验水头应以上游检查井井口高度加 2m 计

D. 计算出的试验水头小于 10m，但已超过上游检查井井口时，试验水头应以上游检查井井口高度为准

8.【单选】给水管道水压试验时，向管道内注水浸泡的时间，正确的是（　　）。

A. 有水泥砂浆衬里的球墨铸铁管不少于 12h

B. 有水泥砂浆衬里的钢管不少于 24h

C. 内径不大于 1000mm 的预应力混凝土管不少于 36h

D. 内径大于 1000mm 的预应力混凝土管不少于 48h

第二节　城市燃气管道工程

■ 知识脉络

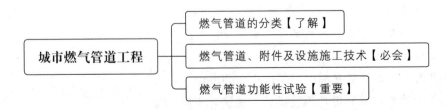

考点 1　燃气管道的分类【了解】

1.【单选】燃气管道可根据敷设方式、输气压力和（　　）分类。
   A. 管径大小　　　　　　　　　　　B. 用途
   C. 管道长度　　　　　　　　　　　D. 管道材质

2.【单选】干管及支管的末端连接城市或大型工业企业，作为供应区的气源点的是（　　）。
   A. 长距离输气管道　　　　　　　　B. 城市燃气管道
   C. 工业企业燃气管道　　　　　　　D. 炉前燃气管道

3.【单选】输气压力为 0.8MPa 的燃气管道为（　　）燃气管道。
   A. 低压　　　　　　　　　　　　　B. 中压 A
   C. 次高压 B　　　　　　　　　　　D. 次高压 A

4.【多选】高压燃气必须通过调压站才能给城市分配管网中的（　　）供气。
   A. 中压管道　　　　　　　　　　　B. 储气罐
   C. 低压管道　　　　　　　　　　　D. 高压储气罐
   E. 次高压管道

考点 2　燃气管道、附件及设施施工技术【必会】

1.【单选】关于燃气管道安装要求的说法，不正确的是（　　）。
   A. 高压和中压 A 燃气管道应采用机械接口铸铁管
   B. 中压 B 和低压燃气管道宜采用钢管或机械接口铸铁管
   C. 中、低压燃气管道采用聚乙烯管材时，应符合有关标准的规定
   D. 地下燃气管道不得从建筑物和大型构筑物的下面穿越

2.【单选】地下燃气管道埋设在机动车道下时，最小直埋深度不得小于（　　）m。
   A. 0.2　　　　　　　　　　　　　　B. 0.9
   C. 0.4　　　　　　　　　　　　　　D. 0.6

3.【单选】当地下燃气管道穿过排水管、热力管沟时，燃气管道外部必须（　　）。
   A. 提高防腐等级　　　　　　　　　B. 加大管径
   C. 加装套管　　　　　　　　　　　D. 加厚管壁

4.【单选】燃气管道穿越铁路时应加套管，套管内径应比燃气管道外径大（　　）mm 以上。
   A. 50　　　　　　　　　　　　　　B. 70
   C. 100　　　　　　　　　　　　　 D. 150

5.【单选】燃气管道穿越电车轨道和城镇主要干道时，宜（　　）。
   A. 敷设在套管或管沟内　　　　　　B. 采用管桥
   C. 埋高绝缘装置　　　　　　　　　D. 采用加厚的无缝钢管

6.【单选】采用阴极保护的埋地钢管与随桥敷设的燃气管道之间应设置（　　）装置。
   A. 绝缘　　　　　　　　　　　　　B. 接地
   C. 消磁　　　　　　　　　　　　　D. 绝热

7.【单选】聚乙烯管道的优点不包括（　　）。
   A. 重量轻　　　　　　　　　　　　B. 阻力小
   C. 安装方便　　　　　　　　　　　D. 使用范围大

8. 【多选】下列关于聚乙烯燃气管材贮存的说法，正确的有（   ）。
   A. 严禁与油类或化学品混合存放
   B. 管材应水平堆放在平整的支撑物或地面上
   C. 当直管采用梯形堆放或两侧加支撑保护的矩形堆放时，堆放高度不宜超过 1.5m
   D. 应按不同类型、规格和尺寸分别存放，并应遵守"后进先出"原则
   E. 管材按规定存放时间超过 2 年，应对其抽样检验，性能符合要求方可使用

9. 【单选】阀门在安装前要按要求进行（   ）。
   A. 通水试验和强度试验　　　　　　　　B. 严密性试验和通水试验
   C. 吹扫试验和强度试验　　　　　　　　D. 严密性试验和强度试验

10. 【多选】燃气管道的阀门安装应注意的问题主要有（   ）。
    A. 方向性
    B. 安装的位置应方便操作维修
    C. 阀门的手轮要向下
    D. 阀门手轮宜位于膝盖高
    E. 根据阀门的工作原理确定其安装位置

11. 【多选】燃气管道的附属设备有（   ）。
    A. 阀门　　　　　　　　　　　　　　B. 波形管
    C. 补偿器　　　　　　　　　　　　　D. 排水器
    E. 排气管

12. 【单选】按燃气流动方向，常安装在阀门下侧的附属设备是（   ）。
    A. 放散管　　　　　　　　　　　　　B. 排水器
    C. 补偿器　　　　　　　　　　　　　D. 绝缘法兰

13. 【单选】关于绝缘接头与绝缘法兰的安装焊接要求，说法错误的是（   ）。
    A. 焊接后的绝缘接头、绝缘法兰与管线应按管线补口要求进行防腐
    B. 绝缘接头、绝缘法兰与管道组焊前，应将焊接部位打磨干净，确保焊接部位无油脂或其他有可能影响焊接质量的缺陷
    C. 绝缘接头、绝缘法兰与管道焊接时应保证与管道对齐，不得强力组对，且应保证焊接处自由伸缩、无阻碍
    D. 绝缘接头中间部位的温度不应超过 100℃

14. 【单选】排水器应安装在燃气管道的（   ）处，使燃气管道中的冷凝水能全部排入排水器。
    A. 起端　　　　　　　　　　　　　　B. 中间部位
    C. 最高　　　　　　　　　　　　　　D. 最低

考点 3　燃气管道功能性试验【重要】

1. 【多选】燃气管道安装完毕后，应进行的功能性试验有（   ）。
   A. 水压试验　　　　　　　　　　　　B. 严密性试验
   C. 强度试验　　　　　　　　　　　　D. 通球试验
   E. 管道吹扫

2. 【多选】关于燃气管道吹扫的说法，错误的有（　　）。
   A. 公称直径小于100mm的钢制管道，可采用清管球清扫
   B. 公称直径大于或等于100mm的钢制管道，宜采用气体进行清扫
   C. 应由施工单位负责组织吹扫工作，并在吹扫前编制吹扫方案
   D. 按庭院管、支管、主管的顺序进行吹扫
   E. 吹扫管段内的调压器、阀门、孔板、过滤网、燃气表等设备不应参与吹扫

3. 【多选】下列说法中，符合燃气管道吹扫要求的有（　　）。
   A. 吹扫介质宜采用压缩空气
   B. 吹扫介质严禁采用氧气
   C. 吹扫出口前严禁站人
   D. 在对聚乙烯管道吹扫及试验时，进气口应采取油水分离及冷却等措施，确保管道进气口气体干燥，且其温度不得高于40℃
   E. 吹扫压力不得大于管道的设计压力，且不应大于0.4MPa

4. 【单选】当室外燃气钢管的设计输气压力为 0.1MPa 时，其强度试验压力应为（　　）MPa。
   A. 0.1　　　　　　　　　　　　B. 0.15
   C. 0.3　　　　　　　　　　　　D. 0.4

5. 【单选】燃气管道严密性试验稳压的持续时间一般不少于（　　）h，每小时记录不应少于1次。
   A. 10　　　　　　　　　　　　B. 12
   C. 24　　　　　　　　　　　　D. 48

第三节　城市供热管道工程

■ 知识脉络

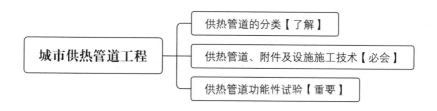

考点 1　供热管道的分类【了解】

1. 【多选】供热蒸汽热网按其压力一般可分为（　　）蒸汽热网。
   A. 高压　　　　　　　　　　　　B. 低压
   C. 中压　　　　　　　　　　　　D. 超高压
   E. 一般

2. 【单选】低温热水热网的最高温度是（　　）℃。
   A. 80　　　　　　B. 90　　　　　　C. 95　　　　　　D. 100

3. 【单选】下列热力管网属于按热媒分类的是（　　）。
   A. 热水热网　　　　　　　　　　B. 二级管网
   C. 地沟管网　　　　　　　　　　D. 开式管网

4. 【单选】按所处的地位分，从换热站至热用户的供热管网是（　　）。
   A. 一级管网　　　　　　　　　　B. 二级管网
   C. 供水管网　　　　　　　　　　D. 回水管网

5. 【单选】按供回分类，从热用户（或换热站）至热源的供热管道为（　　）。
   A. 供水（汽）管　　　　　　　　B. 回水管
   C. 热水管　　　　　　　　　　　D. 干管

考点 2　供热管道、附件及设施施工技术【必会】

1. 【多选】供热管线工程竣工后，应全部进行（　　）测量，竣工测量宜选用施工测量控制网。
   A. 平面位置　　　　　　　　　　B. 高程
   C. 坐标　　　　　　　　　　　　D. 高度
   E. 地图

2. 【单选】关于供热管道安装与焊接的说法，错误的是（　　）。
   A. 一般情况下，应先安装主线，再安装检查室，最后安装支线
   B. 管道两相邻环形焊缝中心之间的距离应大于钢管外径，且不得小于150mm
   C. 管道支架处不得有环形焊缝
   D. 对接管口时，应在距接口两端各200mm处检查管道平直度，允许偏差为0～2mm

3. 【单选】关于供热管道直埋保温管安装的说法，错误的是（　　）。
   A. 在管道安装过程中出现折角或管道折角大于设计值时，应与生产单位确认后再进行安装
   B. 带泄漏监测系统的保温管，焊接前应测试信号线的通断状况和电阻值，合格后方可对口焊接
   C. 信号线的位置应在管道上方，相同颜色的信号线应对齐
   D. 在施工中，信号线一旦受潮，应采取预热、烘烤等方式干燥

4. 【单选】供热管网中，只允许管道沿自身轴向自由移动的支架是（　　）。
   A. 弹簧支架　　　　　　　　　　B. 导向支架
   C. 固定支架　　　　　　　　　　D. 滑动支架

5. 【单选】关于固定支架安装的说法，错误的是（　　）。
   A. 固定支架、导向支架等型钢支架的根部，应做防水护墩
   B. 有轴向补偿器的管段，补偿器安装前，管道和固定支架之间不得进行固定
   C. 有角向型、横向型补偿器的管段应与管道同时进行安装与固定
   D. 固定支架卡板和支架结构接触面应贴实焊接

6. 【单选】一般情况下，直埋供热管道固定墩不采用（　　）结构形式。
   A. 双井　　　　　　　　　　　　B. 翅形

C. 正T形   D. 单井

7.【单选】下列关于供热管道法兰连接的说法,错误的是（ ）。
A. 垫片需要拼接时,应采用直缝对接
B. 不得采用先加垫片并拧紧法兰螺栓,再焊接法兰焊口的方式进行法兰安装焊接
C. 法兰连接应使用同一规格的螺栓,安装方向应一致
D. 法兰内侧应进行封底焊

8.【单选】下列关于热力管道阀门安装的说法,错误的是（ ）。
A. 焊接安装时,焊机地线应搭在同侧焊口的钢管上,不得搭在阀体上
B. 放气阀、除污器、泄水阀安装应在无损探伤、强度试验前完成
C. 阀门进场前应进行强度和严密性试验,试验完成后应进行记录
D. 截止阀的安装应在严密性试验后完成

9.【单选】下列补偿器中,加工简单、安装方便、安全可靠、价格低廉、占空间大的是（ ）补偿器。
A. 自然   B. 波纹管
C. 套筒   D. 方形

10.【单选】利用管道自身弯曲管段的弹性来进行补偿的是（ ）。
A. 波纹管补偿器   B. 方形补偿器
C. 自然补偿器   D. 套筒补偿器

11.【单选】热力蒸汽管道和设备上的（ ）应有通向室外的排汽管,排放管应固定牢固。
A. 安全阀   B. 放气阀
C. 泄水阀   D. 截止阀

12.【单选】关于换热站内设施安装规定的说法,错误的是（ ）。
A. 泵在额定工况下连续试运转时间不应少于2h
B. 水处理装置所有进出口管路应有独立支撑,不得使用阀体做支撑
C. 管道与泵或阀门连接后,不应再对该管道进行焊接和气割
D. 泵的吸入管道和输出管道应有共用、牢固的支架

考点 3 供热管道功能性试验【重要】

1.【单选】某供热管网的设计压力为1.6MPa,其严密性试验压力应为（ ）MPa。
A. 1.4   B. 1.6
C. 1.8   D. 2.0

2.【多选】下列关于供热管网清（吹）洗规定的说法,正确的有（ ）。
A. 供热的供水和回水管道及给水和凝结水管道,必须用清水冲洗
B. 清洗前应编制清洗方案,并报有关单位审批
C. 供热管道用水冲洗应按支线、支干线、主干线分别进行
D. 供热管道二级管网应与一级管网一起清洗
E. 冲洗前应先满水浸泡管道

3.【多选】下列关于供热管道用蒸汽吹洗的说法,正确的有（ ）。
A. 蒸汽吹洗的排气管应引出室外,管口不得朝上,并应设临时固定支架

B. 蒸汽吹洗前应先缓慢升温进行暖管

C. 吹洗压力不应大于管道工作压力的75%

D. 吹洗次数应为2~3次，每次的间隔时间宜为20~30min

E. 吹洗出口管在有条件的情况下，以斜上方60°为宜

4. 【单选】热力管网试运行的时间应为达到试运行参数条件下连续运行（　　）h。

 A. 12   B. 24

 C. 48   D. 72

5. 【多选】关于供热管网试运行的要求，正确的有（　　）。

 A. 供热管线工程应与换热站工程联合进行试运行

 B. 试运行应缓慢升温，升温速度不得大于10℃/h

 C. 试运行期间，管道法兰、阀门、补偿器及仪表等处的螺栓应进行热拧紧

 D. 蒸汽管网工程的试运行应带热负荷进行

 E. 试运行期间发现问题必须立即停止试运行，进行处理

第四节　城市管道工程安全质量控制

■ 知识脉络

```
                            ┌─ 城市管道工程安全技术控制要点【了解】
城市管道工程安全质量控制 ─────┼─ 城市管道工程质量控制要点【了解】
                            └─ 城市管道工程季节性施工措施【了解】
```

考点 1　城市管道工程安全技术控制要点【了解】

1. 【多选】关于不开槽管道施工安全控制的说法，正确的有（　　）

 A. 起重作业前应试吊，吊离地面100mm左右时进行检查

 B. 当吊运重物下井距作业面底部小于1m时，操作人员方可近前工作

 C. 隧道开挖应控制循环进尺、留设核心土。核心土面积不得小于断面面积的1/2

 D. 施工供电应设置双路电源，并能手动切换

 E. 动力、照明应分路供电，作业面移动照明应采用低压供电

2. 【单选】关于采用起重设备或垂直运输系统应满足的施工要求，说法错误的是（　　）。

 A. 起重设备必须经过起重荷载计算

 B. 使用前应有关规定进行检查验收，合格后方可使用

 C. 起重作业前应试吊，吊离地面200mm左右时，应检查重物捆扎情况和制动性能，确认安全后方可起吊

 D. 起吊时工作井内严禁站人，当吊运重物下井距作业面底部小于500mm时，操作人员方可近前工作

考点 2 城市管道工程质量控制要点【了解】

【多选】关于聚乙烯燃气管道连接注意事项的说法，正确的有（   ）。

A. 每次收工时，应对管口进行临时封堵

B. 管材表面划伤深度不应超过管材壁厚的10%，且不应超过4mm

C. 管道热熔或电熔连接的环境温度宜在-5~40℃范围内

D. 在炎热的夏季进行热熔或电熔连接操作时，应采取遮阳措施

E. 聚乙烯管材与管件、阀门的连接，应采用螺纹连接

考点 3 城市管道工程季节性施工措施【了解】

1.【单选】基坑周边应设置挡水墙，基坑外应设置（   ），防止地面水流入。

A. 集水井　　　　　　　　　　　B. 截水沟

C. 排水管　　　　　　　　　　　D. 抽水设备

2.【单选】关于管道工程冬期施工措施的说法，正确的是（   ）。

A. 冬期施工措施应该进入冬期施工后编制

B. 管道沟槽两侧及管顶以上500mm范围内不得回填冻土

C. 冬期严禁进行管道闭水试验

D. 冬期进行水压试验时，严禁在水中添加食盐防冻

第五章　城市综合管廊工程

第一节　城市综合管廊分类与施工方法

■ 知识脉络

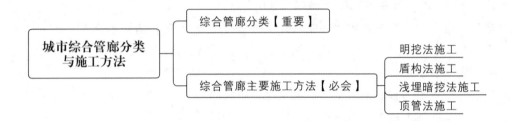

考点 1　综合管廊分类【重要】

1.【单选】综合管廊对空间的利用率最高的断面形式是（　　）。
   A. 矩形　　　　　　　　　　　　B. 圆形
   C. 异形　　　　　　　　　　　　D. 拱形

2.【单选】关于综合管廊内管道布置的说法，错误的是（　　）。
   A. 进入综合管廊的排水管道应采取分流制
   B. 综合管廊每个舱室应设置人员出入口、逃生口
   C. 压力管道进出综合管廊时，应在综合管廊内部设置阀门
   D. 雨水纳入综合管廊可利用结构本体或采用管道方式

3.【单选】综合管廊一般分为干线综合管廊、支线综合管廊和（　　）三种类型。
   A. 通行综合管廊　　　　　　　　B. 主线综合管廊
   C. 缆线综合管廊　　　　　　　　D. 联络通道

4.【单选】综合管廊附属设施包括消防系统、通风系统和（　　）等。
   A. 排水系统　　　　　　　　　　B. 供暖系统
   C. 道路系统　　　　　　　　　　D. 通讯系统

5.【单选】关于综合管廊内管道布置的说法，正确的是（　　）。
   A. 天然气管道可与热力管道同舱敷设
   B. 热力管道可与电力电缆同舱敷设
   C. 110kV 及以上电力电缆不应与通信电缆同侧布置
   D. 给水管道与热力管道同侧布置时，给水管道宜布置在热力管道上方

考点 2　综合管廊主要施工方法【必会】

1.【单选】关于明挖法施工综合管廊的说法，错误的是（　　）。
   A. 宜采用预制装配式结构或滑模浇筑施工

B. 预制装配式管廊结构节段吊装时，应对起重设备处的压实度进行检测
C. 预制装配式管廊结构节段正式投入使用前宜进行试拼装
D. 预制装配式管廊结构节段拼装必须按次序逐块、逐跨组拼推进

2.【多选】关于盾构法施工综合管廊的说法，正确的有（　　）。
　　A. 盾构工作井只能采取临时结构形式
　　B. 工作井预留洞门直径应满足盾构始发所需要的空间要求
　　C. 盾构掘进施工无需控制排土量和地层变形
　　D. 壁后注浆应根据工程地质和设备情况选择注浆方式
　　E. 应制定盾构安全技术操作规程和应急预案

3.【单选】采用明挖法施工综合管廊时，关于基坑开挖的说法，错误的是（　　）。
　　A. 基坑顶部周围 2m 范围内，严禁堆放弃土及建筑材料等
　　B. 基坑底部的集水坑间距宜为 30～50m
　　C. 在基坑顶部 2m 范围以外堆载时，不应超过设计荷载值
　　D. 基坑顶部周边宜做硬化和防渗处理

4.【单选】关于浅埋暗挖法施工综合管廊的说法，错误的是（　　）。
　　A. 管廊浅埋暗挖法施工应无水作业
　　B. 暗挖管廊通风设备宜安装在管廊外部
　　C. 宜结合永久结构设置工作竖井
　　D. 管廊开挖应预留变形量，不得欠挖

第二节　城市综合管廊施工技术

知识脉络

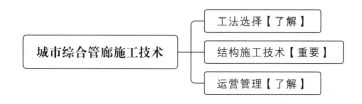

考点 1　工法选择【了解】

1.【多选】综合管廊主要施工方法中，适用于各种地质条件的有（　　）。
　　A. 夯管法　　　　　　　　　B. 明挖法预制拼装
　　C. 顶管法　　　　　　　　　D. 明挖法现浇
　　E. 浅埋暗挖法

2.【单选】下列综合管廊施工方法中，适用于埋深大、距离长、曲线半径小、断面尺寸变化少、连续施工长度不小于 300m 的城市管网建设的施工方法是（　　）。
　　A. 明挖法　　　　　　　　　B. 顶管法
　　C. 盾构法　　　　　　　　　D. 浅埋暗挖法

3. 【单选】下列综合管廊施工方法中，适用于埋深浅、距离短的城市管网建设，适合穿越铁路、河流、过街通道的施工方法是（　　）。
   A. 顶管法　　　　　　　　　　　　B. 明挖法
   C. 盾构法　　　　　　　　　　　　D. 浅埋暗挖法

4. 【多选】综合管廊施工方法主要有（　　）。
   A. 夯管法　　　　　　　　　　　　B. 明挖法现浇
   C. 顶管法　　　　　　　　　　　　D. 盾构法
   E. 浅埋暗挖法

考点 2　结构施工技术【重要】

1. 【单选】关于综合管廊模板施工前的准备工作，说法错误的是（　　）。
   A. 模板及支架设计应根据结构形式进行
   B. 模板及支撑的强度需要满足受力要求
   C. 模板工程无须编制专项施工方案
   D. 危险性较大的分部分项工程应组织专家论证会

2. 【多选】关于基坑回填的说法，正确的有（　　）。
   A. 基坑回填应在综合管廊结构及防水工程验收合格后进行
   B. 管廊顶板上部1000mm范围内回填材料使用重型及振动压实机械碾压
   C. 对综合管廊特殊狭窄空间、回填深度大、回填夯实困难等处施工，采用预拌流态固化土新技术
   D. 人行道、机动车道路下压实系数应不小于0.95，填土宽度每侧应比设计要求宽50cm
   E. 绿化带下应回填到种植土底标高，压实系数应不小于0.97

3. 【单选】关于综合管廊防水施工的要求，说法错误的是（　　）。
   A. 综合管廊防水等级为二级以上，结构耐久性要求100年以上
   B. 综合管廊现浇混凝土主体结构采用防水混凝土进行自防水
   C. 迎水面阴阳角处做成圆弧或90°折角
   D. 止水带埋设位置准确，其中间空心圆环与沉降缝及结构厚度中心线重合

4. 【单选】关于综合管廊预制拼装工艺的说法，错误的是（　　）。
   A. 构件的标识应朝向外侧
   B. 构件运输及吊装时，混凝土强度应符合设计要求。当设计无要求时，不应低于设计强度的75%
   C. 构件堆放的场地应平整夯实，并应具有良好的排水措施
   D. 当构件上有裂缝时，应进行鉴定

考点 3　运营管理【了解】

1. 【单选】综合管廊投入运营后应定期检测评定，对综合管廊本体、附属设施和（　　）设施的运行状况应进行安全评估，并应及时处理安全隐患。
   A. 应急照明　　　　　　　　　　　B. 消防通道
   C. 内部管线　　　　　　　　　　　D. 监控量测

2. 【单选】关于综合管廊运营管理的说法，正确的是（　　）。
   A. 利用综合管廊结构本体的雨水渠，每年非雨季节清理疏通不应少于一次
   B. 综合管廊投入运营后应不定期检测评定
   C. 综合管廊内实行动火作业时，应采取防火措施
   D. 综合管廊建设期间的档案资料应由施工单位负责收集、整理、归档

第六章 海绵城市建设工程

第一节 海绵城市建设技术设施类型与选择

■ 知识脉络

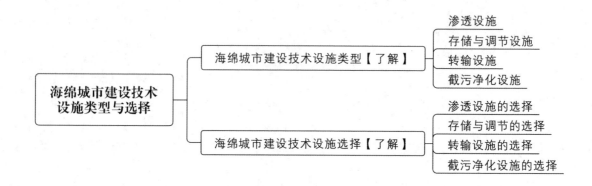

考点 1 海绵城市建设技术设施类型【了解】

1.【单选】关于海绵城市建设技术设施类型的描述，正确的是（　　）。
   A. 海绵城市建设需要将绿色基础设施与灰色基础设施相结合
   B. 海绵城市建设技术设施类型由渗透设施、存储设施和净化设施三类构成
   C. 渗透设施主要有湿塘、雨水湿地、蓄水池、调节塘、调节池
   D. 转输设施主要有下沉式绿地、生物滞留设施、渗透塘

2.【单选】目前，海绵城市建设技术设施类型主要有渗透设施、转输设施、截污净化设施和（　　）设施。
   A. 回收　　　　　　B. 存储与调节　　　　　　C. 消毒　　　　　　D. 导排

考点 2 海绵城市建设技术设施选择【了解】

1.【单选】建筑与小区、城市道路、城市绿地、滨水带等区域内的地势较低的地带或水体有自然净化需求的区域，宜设置（　　）。
   A. 湿塘　　　　　　　　　　　　　　B. 雨水湿地
   C. 蓄水池　　　　　　　　　　　　　D. 调节池

2.【单选】下沉式绿地应根据土壤渗透性能设置，一般低于周边铺砌地面或道路（　　）mm。
   A. 50～100　　　　B. 100～200　　　　C. 150～300　　　　D. 200～300

3.【单选】在建设海绵城市渗透设施时，道路、广场、其他硬化铺装区及周边绿地应优先考虑采用（　　）。
   A. 下沉式绿地　　　　　　　　　　　B. 透水铺装
   C. 渗透塘　　　　　　　　　　　　　D. 渗渠

第二节 海绵城市建设施工技术

知识脉络

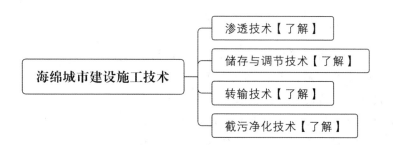

考点 1 渗透技术【了解】

1.【单选】渗透塘边坡坡度（垂直：水平）一般不大于（　　），塘底至溢流水位一般不小于（　　）mm。
   A. 1：5，300　　　　　　　　　　B. 1：3，600
   C. 1：5，600　　　　　　　　　　D. 1：3，300

2.【单选】生物滞留设施应用于道路绿化带时，设施靠近路基部分应按设计要求进行（　　）处理。
   A. 夯实　　　　　　　　　　　　B. 防渗
   C. 固化　　　　　　　　　　　　D. 改良

3.【单选】对于土壤渗透性较差的地区，可适当缩小雨水溢流口高程与绿地高程的差值，使得下沉式绿地集蓄的雨水能够在（　　）内完全下渗。
   A. 12h　　　　　　　　　　　　B. 10h
   C. 24h　　　　　　　　　　　　D. 48h

4.【单选】雨水渗透设施分表面渗透和埋地渗透两大类，下列不属于表面入渗设施的是（　　）。
   A. 下沉式绿地　　　　　　　　　B. 透水铺装
   C. 渗井　　　　　　　　　　　　D. 绿色屋顶

考点 2 储存与调节技术【了解】

1.【单选】海绵城市建设中，储存与调节技术中的调节池主要用于（　　）。
   A. 消减下游雨水管渠峰值流量　　B. 雨水储存
   C. 雨水调蓄和净化　　　　　　　D. 沉淀径流中大颗粒污染物

2.【单选】作为湿塘预处理设施，起到沉淀径流中大颗粒污染物的作用的设施是（　　）。
   A. 溢水口　　　　　　　　　　　B. 进水口
   C. 前置塘　　　　　　　　　　　D. 主塘

3. 【多选】雨水的储存与调节是海绵城市中的重要一环,下列属于雨水储存与调节设施的有（   ）。
   A. 湿塘
   B. 雨水湿地
   C. 渗透管渠
   D. 蓄水池
   E. 植草沟

考点 3 转输技术【了解】

1. 【单选】关于海绵城市渗透管渠转输技术的说法,错误的是（   ）。
   A. 渗透管渠开孔率应控制在1‰～3‰之间
   B. 渗透管渠设在行车路面下时,覆土深度不应小于700mm
   C. 渗渠中的砂（砾石）层厚度应满足设计要求,一般不应小于100mm
   D. 渗透管渠四周应填充灰土或黏土等低渗的透性材料

2. 【单选】关于海绵城市植草沟转输技术的说法,错误的是（   ）。
   A. 植草沟不宜作为泄洪通道
   B. 植草沟纵坡宜为1‰～4‰
   C. 植草沟断面边坡坡度不宜大于1∶5
   D. 植草沟总高度不宜大于600mm

考点 4 截污净化技术【了解】

【单选】人工土壤渗滤是一种人工强化的生态工程处理技术,主要作为雨水存储设施的配套雨水净化设施。关于人工土壤渗滤施工的说法,正确的是（   ）。
   A. 防渗膜铺贴应贴紧基坑底和基坑壁,适度张紧,不应有皱折
   B. 防渗膜接缝应采用热熔连接
   C. 渗滤体铺装填料时,应使用机械逐层倾倒
   D. 渗滤体应分层填筑,自沉密实,不得碾压

第七章　城市基础设施更新工程

第一节　道路改造施工

■ 知识脉络

```
道路改造施工 ── 道路改造施工内容【了解】
            └─ 道路改造施工技术【重要】
```

考点 1　道路改造施工内容【了解】

【多选】关于城市道路改造施工的说法，正确的有（　　）。

A. 通过病害治理、罩面加铺、拓宽、翻建等方法完成道路升级改造

B. 道路更新改造对象包括沥青、水泥混凝土和砌块路面以及人行步道

C. 道路更新改造还包括沥青路面材料的再生利用

D. 道路更新改造不需要考虑绿化照明、附属设施、交通标志等

E. 城市道路更新发展方向将结合城市片区更新规划实现均衡协调发展

考点 2　道路改造施工技术【重要】

1.【多选】采用注浆的方法进行基底处理，通过试验确定（　　）等参数。

A. 注浆压力　　　　　　　　　　B. 初凝时间

C. 砂浆强度　　　　　　　　　　D. 注浆流量

E. 浆液扩散半径

2.【多选】关于沥青路面病害处理的说法，正确的有（　　）。

A. 缝宽在 10mm 及以内的，应采用专用灌缝（封缝）材料灌缝

B. 壅包峰谷高差不大于 15mm 时，可采用机械铣刨平整

C. 当联结层损坏时，应在损坏部位上直接修补

D. 基础壅包，应更换已变形的基层，再重铺面层

E. 裂缝处理时不能用热沥青灌缝

3.【单选】关于微表处理工艺的说法，不正确的是（　　）。

A. 微表处理宜用于城镇快速路和主干路的上封层

B. 微表处理技术应用于城镇道路维护，可单层或双层铺筑

C. 具有封水、防滑、耐磨和改善路表外观的功能

D. 微表处理技术具有工期短、工程投资多的特点

第二节 桥梁改造施工

■ 知识脉络

考点 1 桥梁改造施工内容【了解】

【单选】桥梁养护工程分类中,对城市桥梁的一般性损坏进行修理,恢复城市桥梁原有的技术水平和标准的工程属于( )。
A. 保养、小修 B. 中修工程
C. 大修工程 D. 加固工程

考点 2 桥梁改造施工技术【重要】

1.【单选】新、旧桥梁上部结构拼接时,宜采用刚性连接的是( )。
A. 钢筋混凝土实心板
B. 预应力混凝土 T 形梁
C. 预应力混凝土空心板
D. 预应力混凝土连续箱梁

2.【单选】关于桥梁采用增大截面加固法施工的说法,错误的是( )。
A. 加固之前,应对原结构构件的混凝土进行现场强度检测
B. 当加固钢筋混凝土受拉构件时,可采用增大截面加固法
C. 加固后构件可按新旧混凝土组合截面计算
D. 加固前应对原结构构件的裂缝状况、外观特征等进行检查和复核

3.【单选】桥梁改建方案中,新、旧桥梁的上部结构和下部结构相互连接方式的优点是( )。
A. 新、旧桥结构各自受力、互不影响
B. 新拓宽桥梁的设计、施工也较为独立、简单
C. 桥梁整体性较好
D. 上部构造连接对下部构造产生的内力影响小

4.【单选】关于桥梁粘接钢板加固法施工技术的说法,错误的是( )。
A. 当加固钢筋混凝土受弯构件时,可采用粘贴钢板加固法
B. 钢板粘贴应在 0℃以上环境温度条件下进行
C. 当粘贴钢板加固混凝土结构时,宜将钢板设计成仅承受轴向力作用
D. 胶粘剂和混凝土缺陷修补胶应密封,并应存放于常温环境

第三节 管网改造施工

■ 知识脉络

考点 1 管网改造施工内容【必会】

1.【多选】管道进行局部修补的方法主要有（　　）。
　A. 缠绕法　　　　　　　　　　B. 密封法
　C. 补丁法　　　　　　　　　　D. 灌浆法
　E. 机器人法

2.【多选】采用爆管法进行旧管更新，按照爆管工具的不同，可将爆管分为（　　）。
　A. 气动爆管　　　　　　　　　B. 水压爆管
　C. 液动爆管　　　　　　　　　D. 静力破碎爆管
　E. 切割爆管

考点 2 管网改造施工技术【了解】

1.【单选】关于管网改造施工安全控制要点的说法，错误的是（　　）。
　A. 作业人员必须接受安全技术培训，考核合格后方可上岗
　B. 作业人员必要时可穿戴防毒面具、防水衣、防护靴
　C. 作业人员到达修复地点后应立即通风并进行有害气体检测工作
　D. 作业区和地面设专人值守，确保人身安全

2.【单选】关于管网改造施工技术质量控制要点的说法，错误的是（　　）。
　A. 非开挖修复更新工程完成后，应采用电视检测（CCTV）检测设备对管道内部进行表观检测
　B. 修复更新管道应无明显渗水，无水珠、滴漏、线漏等现象
　C. 局部修复管道可不进行闭气或闭水试验
　D. 内衬管安装完成、内衬管冷却至周围土体温度后，应进行管道强度试验

第八章 施工测量

第一节 施工测量主要内容与常用仪器

■ 知识脉络

施工测量主要内容与常用仪器 ── 主要内容【了解】
　　　　　　　　　　　　　　└─ 常用仪器【了解】

考点 1 主要内容【了解】

【多选】关于市政公用工程测量作业要求，说法正确的有（　　）。

A. 从事施工测量的作业人员，应经专业培训、考核合格，持证上岗
B. 施工测量用的控制桩要注意保护，经常校测，保持准确
C. 测量记录应按规定填写并按编号顺序保存
D. 测量记录严禁涂改，必要可斜线划掉改正，也可转抄
E. 应建立测量复核制度

考点 2 常用仪器【了解】

1. 【单选】多用来测量构筑物标高和高程，适用于施工控制测量的控制网水准基准点的测设及施工过程中高程测量的仪器是（　　）

    A. 全站仪　　　　　　　　　　B. 准直仪
    C. 水准仪　　　　　　　　　　D. GPS

2. 【单选】下列不属于测量仪器设备的是（　　）。

    A. 全站仪　　　　　　　　　　B. 水准仪
    C. GPS—RTK　　　　　　　　D. 回弹仪

3. 【单选】采用水准仪测量工作井高程时，测定高程为 3.460m，后视读数为 1.360m，已知前视测点高程为 3.580m，前视读数应为（　　）。

    A. 0.960m　　　　　　　　　　B. 1.120m
    C. 1.240m　　　　　　　　　　D. 2.000m

4. 【多选】关于工程测量的说法，正确的有（　　）。

    A. 光学水准仪多用来测量构筑物标高和高程
    B. 激光准直（指向）仪多用于角度坐标测量和定向准直测量
    C. 水准仪主要有光学水准仪、自动安平水准仪和电子水准仪
    D. 激光铅垂仪是一种专供水平定向的仪器
    E. 卫星定位仪器只能获得测量点的平面二维坐标

第二节 施工测量及竣工测量

■ 知识脉络

考点 1 施工测量【了解】

【单选】关于管道施工测量主要内容的说法,错误的是(   )。
A. 排水管道中线桩间距宜为 10m
B. 给水管道、燃气管道和供热管(沟)道的中心桩间距宜为 15~20m
C. 矩形井室应以管道中心线及垂直管道中心线的井中心线为轴线进行放线
D. 圆形井室应以井内圆心为基准进行放线

考点 2 竣工测量【了解】

1. 【单选】竣工测量工作内容包括控制测量、细部测量和(   )。
   A. 导线测量   B. 施工图测量
   C. 竣工图编绘   D. 设计交桩

2. 【单选】竣工测量时,受条件制约无法补设测量控制网,可考虑以施工(   )的测量控制网点为依据进行测量。
   A. 有效   B. 原设计
   C. 恢复   D. 加密

第九章 施工监测

第一节 施工监测主要内容、常用仪器与方法

■ 知识脉络

```
施工监测主要内容、常用仪器与方法 ── 主要内容【重要】
                            └─ 常用仪器与方法【了解】
```

考点 1 主要内容【重要】

1.【多选】施工监测按照监测内容可分为施工变形监测和力学监测两个方面。其中，变形监测包括（   ）。

    A. 竖向位移监测   B. 钢支撑轴力监测
    C. 地下水位监测   D. 倾斜监测
    E. 土压力监测

2.【多选】施工监测的工作主要包括（   ）。

    A. 收集、分析相关资料，现场踏勘
    B. 编制监测方案
    C. 外业采集监测数据和现场巡视
    D. 依据监测数据调整施工方案
    E. 提交监测日报、警情快报、阶段性监测报告等

考点 2 常用仪器与方法【了解】

【多选】关于市政公用工程施工监测的仪器主要有（   ）。

    A. 全站仪   B. 地下水位计
    C. 钢尺收敛计   D. 测斜仪
    E. 轴力计

第二节 监测技术与监测报告

■ 知识脉络

```
监测技术与监测报告 ── 监测技术【必会】
                 └─ 监测报告【了解】
```

考点 1　监测技术【必会】

1.【多选】工程监测等级为一级的基坑应测项目有（　　）。
   A. 立柱结构竖向位移
   B. 顶板应力
   C. 地表沉降
   D. 土体深层水平位移
   E. 竖井井壁支护结构净空收敛

2.【多选】工程监测等级为一级的基坑应测项目有（　　）。
   A. 立柱结构应力
   B. 支护桩（墙）、边坡顶部竖向位移
   C. 支撑轴力
   D. 土钉拉力
   E. 地下水位

3.【多选】下列情形中，需实施基坑监测的有（　　）。
   A. 开挖深度 4.8m 的土质基坑
   B. 基坑设计安全等级为二级的基坑
   C. 开挖深度 3.2m 的极软岩基坑
   D. 开挖深度 6m 的土质基坑
   E. 开挖深度 4.5m 但现场地质情况和周围环境较复杂的基坑

考点 2　监测报告【了解】

1.【多选】监测报告中的阶段性报告主要包括（　　）。
   A. 工程概况
   B. 监测点布设
   C. 现场巡查信息
   D. 监测数据采集和观测方法
   E. 警情处理措施建议

2.【多选】监测报告主要内容包括（　　）。
   A. 监测日报
   B. 巡查评估报告
   C. 警情快报
   D. 阶段性报告
   E. 总结报告

PART 2 第二篇
市政公用工程相关法规与标准

学习计划：

扫码做题
熟能生巧

山重水复疑无路
柳暗花明又一村

第十章　相关法规

第一节　城市道路管理的有关规定

■ 知识脉络

考点 1　建设原则【了解】

【单选】依附于城市道路的各种管线、杆线等设施的建设，应坚持（　　）。
A. 先地下、后地上的施工原则，与城市道路同步建设
B. 先地下、后地上的施工原则，与城市道路异步建设
C. 先地上、后地下的施工原则，与城市道路同步建设
D. 先地上、后地下的施工原则，与城市道路异步建设

考点 2　相关城市道路管理的规定【了解】

【多选】因施工需要临时占用城镇道路的，须经（　　）批准，方可按照规定占用。
A. 公安管理部门
B. 上级主管部门
C. 市政工程行政主管部门
D. 公安交通管理部门
E. 市政公路行业协会

第二节　城镇排水和污水处理管理的有关规定

■ 知识脉络

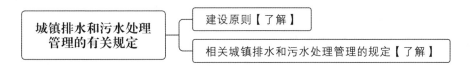

考点 1　建设原则【了解】

【单选】关于城镇排水和污水处理管理的相关规定，说法错误的是（　　）。
A. 旧城区改建，不得将雨水管网、污水管网相互混接

B. 工业生产、城市绿化、道路清扫应当优先使用地下水

C. 除干旱地区外,新区建设应当实行雨水、污水分流

D. 雨水、污水分流改造可以结合旧城区改建和道路建设同步进行

> **考点 2** 相关城镇排水和污水处理管理的规定【了解】

【单选】关于城镇排水和污水处理管理的相关规定,说法错误的是( )。

A. 禁止向城镇排水与污水处理设施倾倒垃圾、渣土、施工泥浆等废弃物

B. 在雨水、污水分流地区,不得将污水排入雨水管网

C. 排水户应当按照生产经营的需求排放污水

D. 改建、扩建工程,不得影响城镇排水与污水处理设施安全

第三节 城镇燃气管理的有关规定

■ 知识脉络

```
城镇燃气管理的有关规定【了解】 ┬── 建设原则
                              └── 相关城镇燃气管理的规定
```

> **考点** 城镇燃气管理的有关规定【了解】

【单选】在燃气设施保护范围内,可以从事的活动是( )。

A. 建设占压地下燃气管线的建筑物、构筑物或者其他设施

B. 倾倒、排放腐蚀性物质

C. 进行爆破、取土等作业或者动用明火

D. 进行打桩或顶进施工

第十一章 相关标准

第一节 相关强制性标准的规定

■ 知识脉络

考点 1　各专业相关强制性规定【了解】

1. 【多选】根据《城市道路交通工程项目规范》(GB 55011—2021)，下列选项中，符合规范要求的有（　　）。
   A. 热拌普通沥青混合料施工环境温度不应低于5℃
   B. 热拌改性沥青混合料施工环境温度不应低于10℃
   C. 路基填筑应按不同性质的土进行分类分层压实
   D. 水泥混凝土路面抗弯拉强度达到设计强度后即可开放交通
   E. 水中设墩的桥梁严禁汛期施工

2. 【多选】下列给水排水管道工程施工质量控制中，符合规范要求的有（　　）。
   A. 给水管道竣工验收前应进行水压试验
   B. 工程建设施工降水应及时排入市政污水管道
   C. 生活饮用水管道运行前应冲洗、消毒，经检验水质合格后，方可并网通水投入运行
   D. 排水工程的贮水构筑物投入运行前要进行满水试验
   E. 膨胀土地区的雨水管渠要做严密性试验

考点 2　施工质量控制相关强制性规定【了解】

1. 【多选】下列符合《建筑与市政地基基础通用规范》(GB 55003—2021)有关规定的有（　　）。
   A. 地基基础工程施工应采取措施控制振动、噪声、扬尘
   B. 施工完成后的工程桩应进行竖向承载力检验
   C. 承受水平力较大的桩应进行抗拔承载力检验
   D. 灌注桩混凝土强度检验的试件应在施工现场随机留取
   E. 基坑回填应分层填筑压实，两侧交替进行

2. 【多选】下列符合《建筑与市政工程防水通用规范》(GB 55030—2022)有关规定的有（　　）。
   A. 雨天、雪天环境下，不应进行露天防水施工
   B. 运输与浇筑防水混凝土过程中严禁加水

C. 防水混凝土养护期不应少于14d

D. 后浇带部位的混凝土施工前，交界面应平整光滑

E. 防水层施工完成后，应采取成品保护措施

第二节　技术安全标准

■ 知识脉络

考点 1　技术标准【了解】

1.【单选】根据《城市综合管廊工程技术规范》（GB 50838—2015），下列说法不正确的是（　　）。

A. 污水、再生水城市工程管线可纳入综合管廊

B. 城市新区主干路下的管线宜纳入综合管廊

C. 综合管廊应同步建设消防设施

D. 现浇混凝土结构顶板施工缝应留设在边部

2.【单选】根据《城镇道路工程施工与质量验收规范》（CJJ 1—2008），下列验收程序不正确的是（　　）。

A. 单位工程完成后，施工单位应进行自检

B. 施工单位自检合格后向监理工程师申请预验收

C. 预验收合格后才能申请正式验收

D. 监理单位应依照相关规定及时组织相关单位进行工程竣工验收

考点 2　安全标准【了解】

1.【单选】根据《建设工程施工现场消防安全技术规范》（GB 50720—2011），下列说法不正确的是（　　）。

A. 裸露的可燃材料上严禁直接进行动火作业

B. 用于在建工程的保温材料的燃烧性能等级应符合设计要求

C. 动火许可证的签发人收到书面申请后签发动火许可证

D. 动火作业前，作业现场无法移走的可燃物可采用不燃材料覆盖

2.【单选】下列关于基坑开挖的安全规定，说法不正确的是（　　）。

A. 当基坑施工过程中发现地质情况与原地质报告、环境调查报告不相符合时，应暂停施工

B. 对施工安全等级为一级的基坑工程，应进行基坑安全监测方案的专家评审

C. 必须遵循先设计后施工的原则，应按设计和施工方案要求，分层、分段、均衡开挖

D. 一级基坑工程的专项方案经过单位技术负责人审批后即可实施

PART 3 第三篇 市政公用工程项目管理实务

学习计划：

扫码做题 熟能生巧

不负时光　砥砺前行

第十二章 市政公用工程企业资质与施工组织

第一节 市政公用工程企业资质

■ 知识脉络

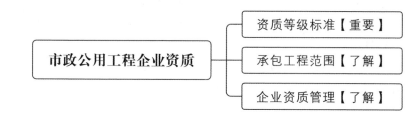

考点 1 资质等级标准【重要】

1.【单选】一级资质企业持有岗位证书的施工现场管理人员不少于（ ），且施工员、质量员、安全员、机械员、造价员、劳务员等人员齐全。
   A. 50 人　　　　　B. 30 人　　　　　C. 15 人　　　　　D. 8 人

2.【多选】下列属于特级资质企业资信能力的有（ ）。
   A. 企业注册资本金 3 亿元以上
   B. 企业净资产 3.6 亿元以上
   C. 企业近三年上缴建筑业营业税均在 5000 万元以上
   D. 企业近一年上缴建筑业营业税在 3000 万元以上
   E. 企业银行授信额度近三年均在 3 亿元以上

3.【单选】一级资质企业的市政公用工程专业一级注册建造师不少于（ ）。
   A. 15 人　　　　　　　　　　　　　B. 12 人
   C. 10 人　　　　　　　　　　　　　D. 5 人

4.【单选】市政公用工程施工总承包企业资质为一级的净资产要求为（ ）。
   A. 3 亿元以上　　　　　　　　　　B. 1 亿元以上
   C. 4000 万元以上　　　　　　　　　D. 1000 万元以上

考点 2 承包工程范围【了解】

1.【单选】压力管道主要分为 4 个大类，其中市政公用工程燃气管道和热力管道施工需要具有（ ）资质。
   A. GA 类　　　　　B. GB 类　　　　　C. GC 类　　　　　D. GD 类

2.【多选】下列属于二级资质企业承包工程范围的有（ ）。
   A. 各类城市道路　　　　　　　　　　B. 25 万 t/d 以下的供水工程
   C. 15 万 t/d 以下的污水处理工程　　　D. 25 万 t/d 以下的给水泵站

E. 各类给水排水及中水管道工程

3.【单选】下列属于三级资质企业承包工程范围的是（　　）。

A. 单跨45m以下的城市桥梁

B. 中压以下燃气管道、调压站

C. 各类城市广场、地面停车场硬质铺装

D. 单项合同额2500万元以下的市政综合工程

考点 3　企业资质管理【了解】

【多选】下列情形中，会对企业升级申请和增项申请造成影响的有（　　）。

A. 与建设单位或企业之间相互串通投标，或以行贿等不正当手段谋取中标的

B. 将承包的工程转包或违法分包的

C. 恶意拖欠分包企业工程款或者劳务人员工资的

D. 未依法履行工程质量保修义务或拖延履行保修义务的

E. 发生过一起一般质量安全事故的

第二节　二级建造师执业范围

知识脉络

二级建造师执业范围
- 执业规模【了解】
- 执业范围【了解】

考点 1　执业规模【了解】

【单选】市政公用工程专业二级注册建造师可以承接单项工程合同额3000万元以下的轻轨交通工程，但不包括（　　）。

A. 路基工程　　　　　　　　B. 桥涵工程

C. 轨道铺设　　　　　　　　D. 地上车站

考点 2　执业范围【了解】

1.【单选】城市供热工程不包括（　　）的建设与维修工程。

A. 热源　　　　　　　　　　B. 管道及其附属设施

C. 储备场站　　　　　　　　D. 采暖工程

2.【多选】城市地下交通工程包括（　　）的建设与维修工程。

A. 地下车站　　　　　　　　B. 区间隧道

C. 地铁车厂与维修基地　　　D. 轻轨

E. 地下过街通道

第三节　施工项目管理机构

■ 知识脉络

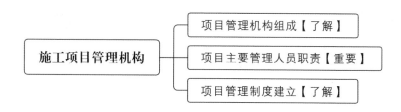

考点 1　项目管理机构组成【了解】

【单选】项目部在（　　）的领导下,作为施工项目的管理机构,全面负责本项目施工全过程的技术管理、施工管理、工程质量管理、安全生产、施工进度管理、文明施工等工作。
A. 项目经理　　　　　　　　　　　B. 项目副经理
C. 项目总工程师　　　　　　　　　D. 项目安全总监

考点 2　项目主要管理人员职责【重要】

1. 【多选】下列属于项目总工程师职责的有（　　）。
   A. 负责现场技术人员的管理工作
   B. 组织技术人员学习、熟知合同文件和施工图纸
   C. 对项目工程生产中的安全生产负技术领导责任
   D. 负责推广工程项目"四新技术"应用
   E. 参加安全生产周例会,组织安全生产日例会

2. 【单选】（　　）是项目质量与安全生产第一责任人,对项目的安全生产工作负全面责任。
   A. 项目经理　　　　　　　　　　　B. 项目副经理
   C. 项目总工程师　　　　　　　　　D. 项目安全总监

考点 3　项目管理制度建立【了解】

1. 【多选】下列属于材料机械管理制度的有（　　）。
   A. 物资计划管理　　　　　　　　　B. 物资采购供应管理
   C. 资料的分类、处理流程　　　　　D. 文本资料的管理
   E. 影像资料的管理

2. 【多选】下列属于技术管理制度的有（　　）。
   A. 施工图纸管理
   B. 图纸会审管理
   C. 技术交底管理
   D. 季节性施工安全管理制度
   E. 特种作业人员安全管理制度

第四节 施工组织设计

知识脉络

施工组织设计 ── 施工组织设计编制与管理【了解】
　　　　　　└─ 施工方案编制与管理【重要】

考点 1　施工组织设计编制与管理【了解】

1.【多选】施工组织设计主要内容包括（　　）。
　　A. 工程概况　　　　　　　　　　B. 施工总体部署
　　C. 施工现场平面布置　　　　　　D. 施工机具清单
　　E. 施工技术方案

2.【单选】施工组织设计应及时修改或补充的情况不包括（　　）。
　　A. 工程设计有重大变更　　　　　B. 施工特种作业人员更换
　　C. 主要施工资源配置有重大调整　D. 施工环境有重大改变

3.【单选】施工组织设计应由（　　）主持编制。
　　A. 项目负责人　　　　　　　　　B. 项目技术负责人
　　C. 企业负责人　　　　　　　　　D. 企业技术负责人

考点 2　施工方案编制与管理【重要】

1.【单选】（　　）是施工方案的核心内容。
　　A. 施工方法　　　　　　　　　　B. 施工机械
　　C. 施工组织　　　　　　　　　　D. 施工顺序

2.【多选】下列需要专家论证的工程有（　　）。
　　A. 开挖深度 5m 的基坑工程　　　B. 滑模模板工程
　　C. 开挖深度 12m 的人工挖孔桩工程　D. 顶管工程
　　E. 起吊 250kN 常规起重设备工程

3.【多选】关于施工方案主要内容的说法，正确的有（　　）。
　　A. 施工方法（工艺）一经确定，机具设备和材料的选择就只能以满足它的要求为基本依据
　　B. 施工机具选择的好与坏，很大程度上决定了施工方法的优劣
　　C. 施工组织是研究施工过程中各种资源合理组织的科学
　　D. 施工顺序安排得好，可以加快施工进度
　　E. 技术组织是保证选择的施工技术方案实施的措施，包括人员安排措施

4.【多选】下列选项中属于施工方案的主要内容有（　　）。
　　A. 施工机具　　　　　　　　　　B. 施工方法
　　C. 作业指导书　　　　　　　　　D. 网络技术

E. 施工顺序

5.【单选】开挖深度为6m的基坑土方开挖工程（   ）。

   A. 不需要编制专项方案也不需要专家论证

   B. 不需要编制专项方案但需要专家论证

   C. 需要编制专项方案并需要专家论证

   D. 需要编制专项方案但不需要专家论证

6.【单选】下列脚手架工程专项施工方案必须进行专家论证的是（   ）。

   A. 搭设高度40m的落地式钢管脚手架工程

   B. 提升高度80m的附着式整体提升脚手架工程

   C. 提升高度60m的附着式分片提升脚手架工程

   D. 分段架体搭设高度20m及以上的悬挑式脚手架工程

第十三章 施工招标投标与合同管理

第一节 施工招标投标

■ 知识脉络

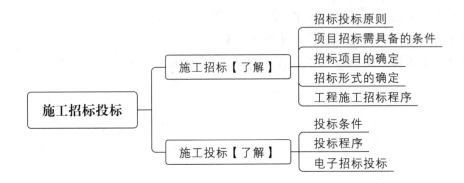

考点 1　施工招标【了解】

【单选】根据《必须招标的工程项目规定》相关要求,从 2018 年 6 月 1 日起,凡属于该规定范围内的项目,施工单项合同估算价在（　　）万元人民币以上的,必须进行招标。

A. 400　　　　　　　B. 300　　　　　　　C. 200　　　　　　　D. 100

考点 2　施工投标【了解】

【单选】在电子招标投标中,投标单位对招标文件的疑问或在自行踏勘后对项目现场的疑问可以（　　）。

A. 在网上向招标方提出问题　　　　　　B. 直接电话联系招标方
C. 在开标会议上提出　　　　　　　　　D. 在提交投标文件时一并提出

第二节 施工合同管理

■ 知识脉络

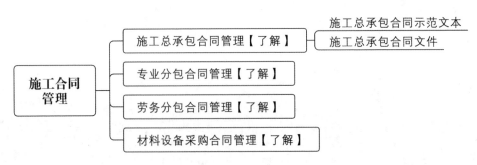

考点 1　施工总承包合同管理【了解】

【单选】根据《建设工程施工合同（示范文本）》（GF—2017—0201）中通用条款规定的优先顺序，下列施工合同文件中，解释顺序最优先的是（　　）。

A. 合同协议书　　　　　　　　　　B. 中标通知书

C. 技术标准和要求　　　　　　　　D. 专用合同条款

考点 2　专业分包合同管理【了解】

【单选】下列关于专业工程分包人的主要责任和义务，说法错误的是（　　）。

A. 按照分包合同的约定，对分包工程进行设计（分包合同有约定时）、施工、竣工和保修

B. 在合同约定的时间内，向承包人提供年、季、月度工程进度计划及相应进度统计报表

C. 已竣工工程未交付承包人之前，分包人应负责已完分包工程的成品保护工作，保护期间发生损坏，分包人自费予以修复

D. 专业分包人遵守政府有关主管部门的管理规定，但不用办理有关手续

考点 3　劳务分包合同管理【了解】

【单选】下列关于劳务分包人的主要义务，说法错误的是（　　）。

A. 对劳务分包范围内的工程质量向承包人负责

B. 劳务分包人负责编制施工组织设计

C. 与现场其他单位协调配合，照顾全局

D. 劳务分包人须服从承包人转发的发包人及监理工程师的指令

考点 4　材料设备采购合同管理【了解】

【多选】材料采购合同的主要内容包括（　　）。

A. 标的　　　　　　　　　　　　　B. 数量

C. 运输方式　　　　　　　　　　　D. 交货期限

E. 违约责任

第十四章 施工进度管理

第一节 工程进度影响因素与计划管理

■ 知识脉络

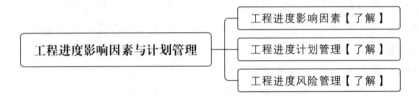

考点 1 工程进度影响因素【了解】

【单选】影响工程进度的主要因素不包含（　　）。

A. 资金的影响

B. 环境的影响

C. 项目检测的影响

D. 监理单位管理水平

考点 2 工程进度计划管理【了解】

【单选】下列属于工程进度计划管理事中控制的主要内容是（　　）。

A. 编制本工程施工总进度计划

B. 编制节点控制计划

C. 定期整理有关施工进度资料，汇总编目，建立相关档案

D. 根据施工现场实际情况，及时修改和调整施工进度

考点 3 工程进度风险管理【了解】

【单选】下列关于工程进度风险的管理，说法错误的是（　　）。

A. 如果工程实际进度滞后于计划进度且出现滞后的是关键工作，需要对原定的施工计划进行调整

B. 实际进度滞后于计划进度，且出现滞后的是非关键工作，但是滞后时间超过了总时差，应采取措施进行进度计划调整

C. 实际进度滞后于计划进度，且出现滞后的是非关键工作，但是滞后时间超过了自由时差却没有超过总时差，一般不会对原定计划进行调整

D. 实际进度滞后于计划进度，且出现滞后的是非关键工作，但是滞后时间没有超过其自由时差，应对原定计划进行调整

第二节　施工进度计划编制与调整

■ 知识脉络

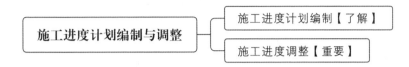

考点 1　施工进度计划编制【了解】

【单选】在双代号时标网络图中，以波形线表示工作的（　　）。

A. 逻辑关系　　　　　　　　　　B. 关键线路
C. 总时差　　　　　　　　　　　D. 自由时差

考点 2　施工进度调整【重要】

【多选】施工进度计划在实施过程中要进行必要的调整，调整内容包括（　　）。

A. 起止时间　　　　　　　　　　B. 网络计划图
C. 持续时间　　　　　　　　　　D. 工作关系
E. 资源供应

第十五章 施工质量管理

第一节 质量策划

■ 知识脉络

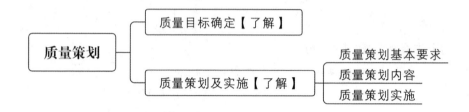

考点 1　质量目标确定【了解】

【单选】下列关于质量目标的说法，错误的是（　　）。

A. 兑现合同约定的质量承诺

B. 贯彻执行国家相关法规、规范、标准及企业质量目标及创优目标

C. 质量目标仅限于施工阶段，不涉及设计和采购阶段

D. 明确施工组织设计中的质量目标，并将质量目标分解到人、到岗

考点 2　质量策划及实施【了解】

1.【单选】质量策划应由（　　）主持编制。

A. 质量负责人

B. 项目技术负责人

C. 施工项目负责人

D. 企业技术负责人

2.【单选】质量策划应体现从资源投入、质量风险控制、特殊过程控制到完成工程施工质量最终检验试验的（　　）控制。

A. 全过程

B. 质量目标

C. 进度目标

D. 安全目标

3.【单选】确定项目质量管理体系与组织机构时，应制定（　　）。

A. 作业指导书

B. 人员培训计划

C. 技术措施

D. 持续改进流程

第二节 施工质量控制

■ 知识脉络

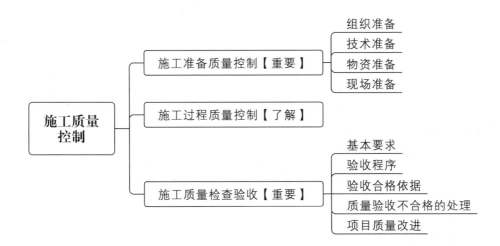

考点 1　施工准备质量控制【重要】

【单选】按质量计划中关于工程分包和物资采购的规定，经招标程序选择并评价分包方和供应商，保存评价记录；其执行人为项目（　　）。
A. 负责人　　　　　　　　　　　　B. 生产负责人
C. 技术负责人　　　　　　　　　　D. 质量负责人

考点 2　施工过程质量控制【了解】

【多选】不合格处置应根据不合格严重程度，按（　　）进行处理。
A. 返工　　　　　　　　　　　　　B. 返修
C. 重新检验　　　　　　　　　　　D. 让步接收
E. 降级使用

考点 3　施工质量检查验收【重要】

1. 【多选】下列关于检验批质量不合格的处理，说法正确的有（　　）。
   A. 经返工返修的检验批应重新进行验收
   B. 经更换材料、构件、设备等的检验批应重新进行验收
   C. 经有相应资质的检测单位检测鉴定能够达到设计要求的检验批，应予以验收
   D. 经原设计单位验算认可能够满足结构安全和使用功能要求的检验批，可予以验收
   E. 符合其他标准的检验批，可按其他标准重新进行验收

2. 【单选】检验批应由（　　）组织施工单位项目专业质量检查员、专业工长等进行验收。
   A. 项目经理　　　　　　　　　　　B. 项目技术负责人
   C. 总监理工程师　　　　　　　　　D. 专业监理工程师

3. 【单选】经返修或加固处理的分项工程、分部工程，虽然改变外形尺寸但仍能满足（　　）

要求，可按技术处理方案文件和协商文件进行验收。

A. 结构安全和使用功能　　　　　B. 结构强度和使用功能

C. 结构安全和环境保护　　　　　D. 结构稳定和环境保护

第三节　竣工验收管理

■ 知识脉络

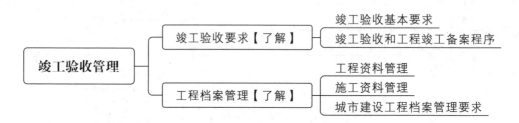

考点 1　竣工验收要求【了解】

【单选】建设工程竣工验收合格之日起15d内，（　　）应向工程所在地的县级以上地方人民政府建设行政主管部门备案。

A. 设计单位　　　　　　　　　　B. 施工单位

C. 建设单位　　　　　　　　　　D. 监理单位

考点 2　工程档案管理【了解】

【单选】建设单位应当在工程竣工验收（　　），向城建档案管理机构移交一套符合规定的建设工程档案。

A. 备案前　　　　　　　　　　　B. 备案后

C. 2个月后　　　　　　　　　　D. 3个月后

第十六章 施工成本管理

第一节 工程造价管理

知识脉络

考点 1　工程造价管理范围【了解】

【单选】对投标项目，要计算项目的（　　）。
A. 预算价格　　　B. 结算价格　　　C. 期望价格　　　D. 竞争对手的价格

考点 2　设计概算、施工图预算的应用【了解】

【单选】工程造价控制在合理范围内的正确顺序，依次是（　　）。
A. 投资估算→设计概算→施工图预算→竣工结算
B. 投资估算→设计概算→施工决算→竣工结算
C. 投资估算→施工图预算→设计概算→竣工结算
D. 投资估算→施工图预算→施工决算→竣工结算

第二节 施工成本管理

知识脉络

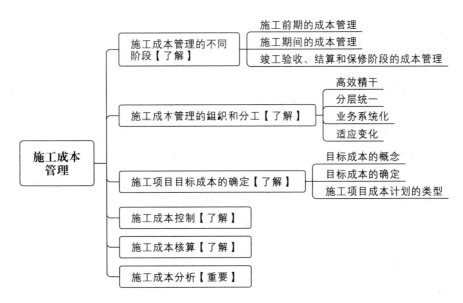

· 79 ·

考点 1　施工成本管理的不同阶段【了解】

【多选】下列选项中，属于施工期间的成本管理的有（　　）。

A. 加强施工任务单和限额领料单的管理，落实降低成本的各项措施
B. 分析月度预算成本和实际成本的差异
C. 在月度成本核算的基础上实行责任成本核算
D. 加强施工项目成本计划执行情况的检查与协调
E. 及时办理工程结算

考点 2　施工成本管理的组织和分工【了解】

1. 【多选】选用施工成本管理方法应遵循的原则有（　　）。

   A. 实用性原则　　　　　　　　　　　B. 开拓性原则
   C. 灵活性原则　　　　　　　　　　　D. 统一性原则
   E. 坚定性原则

2. 【多选】关于施工成本管理组织机构设置的要求，正确的有（　　）。

   A. 适应变化　　　　　　　　　　　　B. 高效精干
   C. 开拓创新　　　　　　　　　　　　D. 分层统一
   E. 业务系统化

考点 3　施工项目目标成本的确定【了解】

【单选】下列施工项目成本计划的类型中，是项目经理的责任成本目标的是（　　）。

A. 竞争性成本计划　　　　　　　　　B. 指导性成本计划
C. 实施性成本计划　　　　　　　　　D. 预算性成本计划

考点 4　施工成本控制【了解】

【多选】施工成本控制主要依据包括（　　）。

A. 工程承包合同　　　　　　　　　　B. 施工成本计划
C. 进度报告　　　　　　　　　　　　D. 工程变更
E. 工程设计图纸

考点 5　施工成本核算【了解】

【多选】关于项目施工成本核算对象划分的说法，正确的有（　　）。

A. 一个单位工程由多个施工单位共同施工时，各个施工单位均以同一单位工程为成本核算对象，各自核算自行完成的部分
B. 可将规模大、工期长的单位工程划分为若干部位，但仍应以单位工程作为核算对象
C. 同一"建设项目合同"内的多项单位工程或主体工程和附属工程可列为同一成本核算对象
D. 改建、扩建的零星工程，可以将开竣工时间相近，属于同一建设项目的各个单位工程合并，但仍应以各个单位工程作为成本核算对象
E. 土石方工程、桩基工程，可按实际情况与管理需要，以一个单位工程或合并若干单位工程为成本核算对象

考点 6 施工成本分析【重要】

1. 【多选】关于施工成本分析任务的说法，正确的有（　　）。
   A. 找出产生差异的原因
   B. 提出进一步降低成本的措施和方案
   C. 对尚未或正在发生的经济活动进行核算
   D. 对成本计划的执行情况进行正确评价
   E. 正确计算成本计划的执行结果，计算产生的差异

2. 【多选】下列选项中，属于按成本项目进行成本分析的有（　　）。
   A. 施工索赔分析　　　　　　　　B. 成本盈亏异常分析
   C. 人工费分析　　　　　　　　　D. 分部分项工程分析
   E. 材料费分析

3. 【单选】轮番假定多因素中一个因素变化，逐个计算、确定其对成本的影响程度，该方法为（　　）。
   A. 比较法　　　B. 因素分析法　　　C. 比率法　　　D. 差额计算法

第三节　工程结算管理

知识脉络

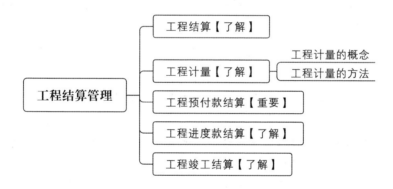

考点 1 工程结算【了解】

【单选】关于工程价款结算的说法，不正确的是（　　）。
A. 工程价款结算是对建设工程的发承包合同价款进行约定和依据合同约定进行工程预付款、工程进度款、工程竣工价款结算的活动
B. 工程结算是反映工程进度的主要指标
C. 工程结算是加速资金周转的重要环节
D. 工程结算只能在工程完全完成后进行

考点 2 工程计量【了解】

【多选】关于工程计量的说法，正确的有（　　）。
A. 工程计量是发承包双方根据合同约定，对承包人完成合同工程的数量进行的计算和确认

B. 工程计量是发包人支付工程价款的前提工作
C. 工程计量只能按月进行，不能按工程形象进度分段计量
D. 因承包人原因造成的超出合同工程范围施工或返工的工程量，发包人不予计量
E. 总价合同中，除按照工程变更规定引起的工程量增减外，总价合同各项目的工程量应是承包人用于结算的最终工程量

考点 3　工程预付款结算【重要】

【单选】包工包料工程的预付款支付比例不得低于签约合同价（扣除暂列金额）的（　　），不宜高于签约合同价（扣除暂列金额）的（　　）。
A. 10%，30%　　　　　　　　　B. 10%，40%
C. 20%，30%　　　　　　　　　D. 20%，40%

考点 4　工程进度款结算【了解】

【单选】关于结算价款的调整，说法正确的是（　　）。
A. 承包人现场签证的索赔金额不应列入本周期应增加的金额中
B. 得到发包人确认的索赔金额不应列入本周期应增加的金额中
C. 由发包人提供的材料、工程设备金额应从进度款支付中增加
D. 由发包人提供的材料、工程设备金额应从进度款支付中扣除

考点 5　工程竣工结算【了解】

【多选】在采用工程量清单计价的方式下，工程竣工结算的编制应当遵循的计价原则包括（　　）。
A. 分项工程和措施项目应依据发承包双方确认的工程量与已标价工程量清单的综合单价计算
B. 措施项目中的总价项目应依据已标价工程量清单的项目和金额计算
C. 安全文明施工费必须按照国家或省级、行业建设主管部门的规定计算
D. 措施项目费按双方确认的工程量乘以已标价工程量清单的综合单价计算
E. 采用单价合同的，在合同约定风险范围内的综合单价应固定不变，并按合同约定进行计量，且按实际完成的工程量进行计量

第十七章 施工安全管理

第一节 常见施工安全事故及预防

■ 知识脉络

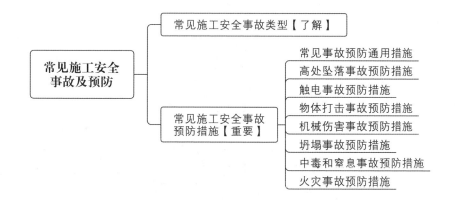

考点 1 常见施工安全事故类型【了解】

1.【多选】下列属于机械伤害的有（　　）。
   A. 施工机具带病作业导致作业人员遭到机械切割伤亡
   B. 安全装置设置不到位导致作业人员遭到机械挤压伤亡
   C. 起重机械吊物捆绑不当，导致吊物坠落伤人
   D. 起重机械歪拉斜吊导致起重机械倾覆
   E. 操作失误，导致起重机械碰撞或挤压作业人

2.【多选】市政公用工程施工项目中最常见的职业伤害事故有（　　）。
   A. 高处坠落　　　　　　　　　　B. 坍塌
   C. 物体打击　　　　　　　　　　D. 中毒和窒息
   E. 火药爆炸

考点 2 常见施工安全事故预防措施【重要】

1.【多选】下列关于触电事故预防措施的说法，正确的有（　　）。
   A. 施工现场临时配电线路应采用三相四线制电力系统，并采用TN－S接零保护系统
   B. 配电电缆应沿地面明设
   C. 应用同一个开关箱直接控制两台及两台以上用电设备（含插座）
   D. 配电柜应装设隔离开关及短路、过载、漏电保护器
   E. 配电线路应有短路保护和过载保护

2.【多选】下列关于中毒和窒息事故预防措施的说法，正确的有（　　）。
   A. 有限空间作业前，必须严格执行"先通风、再检测、后作业"的原则

B. 气体检测应按照氧气含量、可燃性气体、有毒有害气体顺序进行
C. 应使用纯氧对有限空间进行通风换气
D. 有限空间作业应有专人监护
E. 作业人员进入有限空间前和离开时应准确清点人数

第二节　施工安全管理要点

■ 知识脉络

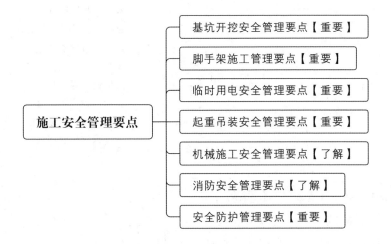

考点 1　基坑开挖安全管理要点【重要】

【单选】放坡开挖基坑时，需要根据土的分类、力学指标和开挖深度确定沟槽的（　　）。

A. 开挖方法　　　　　　　　　　　B. 边坡防护措施
C. 边坡坡度　　　　　　　　　　　D. 开挖机具

考点 2　脚手架施工管理要点【重要】

【多选】关于脚手架安全管理的说法，正确的有（　　）。

A. 脚手架的搭设场地应平整、坚实
B. 风力超过6级（含6级）时，可以继续架上作业
C. 脚手架在使用过程中，应定期进行检查并形成记录
D. 脚手架使用期间，可以在脚手架立杆基础下方及附近实施挖掘作业
E. 脚手架拆除前，应清除作业层上的堆放物

考点 3　临时用电安全管理要点【重要】

【多选】关于施工现场用电安全管理要点的说法，正确的有（　　）。

A. 施工现场应采用三级配电系统，实行"一机一闸"制
B. 当施工现场与外电线路共用同一供电系统时，所有设备都应做保护接零
C. 在施工现场基本供配电系统的总配电箱和开关箱首、末二级配电装置中，设置漏电保

护器

D. 施工现场及周边存在架空线路时，应保证施工机械、外脚手架和人员与电力线路的安全距离

E. 临时用电配电线路应采用绝缘导线或电缆，沿地面明敷设时，必须采取可靠的保护措施

考点 4　起重吊装安全管理要点【重要】

【多选】关于起重吊装安全管理要点的说法，正确的有（　　）。

A. 起重机械的各种安全保护装置应齐全有效
B. 汽车起重机作业时，坡度不得大于5°
C. 门式起重机在没有障碍物的线路上运行时，吊钩或吊具以及吊物底面，必须离地面2m以上
D. 在风力超过6级（含6级）或大雨、大雪、大雾等恶劣天气时，应停止露天的起重吊装作业
E. 两台起重机共同起吊一货物时，其重物的重量不得超过两机起重量总和的80%

考点 5　机械施工安全管理要点【了解】

【多选】关于机械施工作业前的安全管理要点，正确的有（　　）。

A. 应查明行驶路线上的桥梁、涵洞的上部净空和下部承载能力
B. 机械通过桥梁时，可以高速行驶
C. 作业前，必须查明施工场地内明、暗铺设的各类管线等设施
D. 在离地下管线、承压管道1m距离以内可以进行大型机械作业
E. 锤在施打过程中，操作人员必须在距离桩锤中心10m以外监视

考点 6　消防安全管理要点【了解】

【多选】关于施工现场消防安全管理要点的说法，正确的有（　　）。

A. 易燃易爆危险品库房与在建工程的防火间距不应小于10m
B. 宿舍、生活区建筑构件的燃烧性能等级应为A级
C. 施工现场的消火栓泵应采用专用消防配电线路
D. 变配电室应为独立的单层建筑，变配电室内及周边不应堆放可燃物
E. 动火动焊作业前应对可燃物进行清理

考点 7　安全防护管理要点【重要】

【单选】根据国家有关规定，应当设置明显的安全警示标志的地点是（　　）。

A. 施工现场入口处　　　　　　　　B. 砂石存放区
C. 水泥仓库入口处　　　　　　　　D. 生活办公区

第十八章　绿色施工及现场环境管理

第一节　绿色施工管理

■ 知识脉络

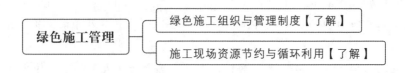

考点 1　绿色施工组织与管理制度【了解】

【多选】关于施工组织与策划的说法，正确的有（　　）。

A. 应建立绿色管理体系及管理制度，明确管理职责

B. 应规范专业分包绿色管理制度，参建各方应明确各级岗位权责

C. 不需要对碳排放相关要求的控制措施进行策划

D. 应建立绿色管控过程交底、培训制度，并有实施记录

E. 根据绿色建造施工过程要求，无需进行图纸会审、深化设计与合理化建议

考点 2　施工现场资源节约与循环利用【了解】

1. 【多选】为防治水污染，施工现场应采取的措施有（　　）。

   A. 现场道路和材料堆放场地周边应设排水沟

   B. 工程污水应直接排入市政污水管道

   C. 现场厕所应设置化粪池，化粪池应定期清理

   D. 工地厨房应设隔油池并定期清理

   E. 雨、污水应分流排放

2. 【多选】关于施工现场扬尘控制的说法，正确的有（　　）。

   A. 现场应建立洒水清扫制度，配备洒水设备，并应由专人负责

   B. 对裸露地面、集中堆放的土方应采取抑尘措施

   C. 运送土方、渣土等易产生扬尘的车辆应采取封闭或遮盖措施

   D. 高空垃圾清运应采用开放式管道完成

   E. 现场进出口应设冲洗池和吸湿垫，应保持进出现场车辆清洁

第二节 施工现场环境管理

■ 知识脉络

考点 1 施工现场环境管理要求【了解】

【多选】绿色施工的原则有（   ）。

A. 以人为本　　　　　　　　　B. 因地制宜

C. 环保优先　　　　　　　　　D. 资源高效利用

E. 以利润为导向

考点 2 施工现场文明施工管理【重要】

1. 【多选】施工现场要设置"五牌一图"，包括（   ）。

   A. 文明施工牌　　　　　　　B. 消防保卫（防火责任）牌

   C. 员工名单牌　　　　　　　D. 工程概况牌

   E. 施工现场总平面图

2. 【多选】关于施工现场围挡设置的说法，正确的有（   ）。

   A. 沿工地四周连续设置围挡

   B. 涉及市容景观路段的工地设置围挡的高度不低于1.8m

   C. 市区主要路段的工地设置围挡的高度不低于2.4m

   D. 围挡材料要求坚固、稳定、统一、整洁、美观

   E. 施工现场必须实行封闭管理

PART 4

第四篇
案例专题模块

学习计划：

读书破万卷
下笔如有神

模块一　城镇道路工程

案例一

【背景资料】

某单位承建一钢厂主干道钢筋混凝土道路工程,道路全长1.2km,各幅分配如图1-1所示。雨水主管敷设于人行道下,管道平面布置如图1-2。路段地层富水,地下水位较高,设计单位在道路结构层中增设了200mm厚级配碎石层。项目部进场后按文明施工要求对施工现场进行了封闭管理,并在现场进出口设置了"五牌一图"。

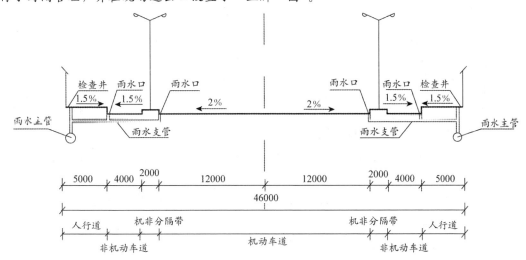

图1-1　三幅路横断面示意图（单位：mm）

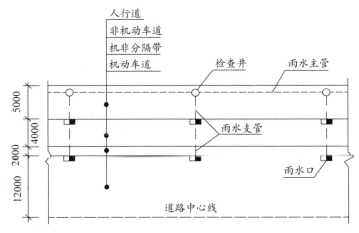

图1-2　半幅路雨水管道平面示意图（单位：mm）

道路施工过程中发生如下事件：

事件一：路基验收完成已是深秋,为在冬期到来前完成水泥稳定碎石基层,项目部经过科学组织,优化方案,集中力量,按期完成了基层分项工程的施工作业,并做好了基层的防冻覆盖工作。

事件二：基层验收合格后,项目部采用开槽法进行DN300的雨水支管施工,雨水支管沟槽开挖断面如图 1-3 所示。槽底浇筑混凝土基础后敷设雨水支管，现场浇筑 C25 混凝土对支管进行全包封处理。

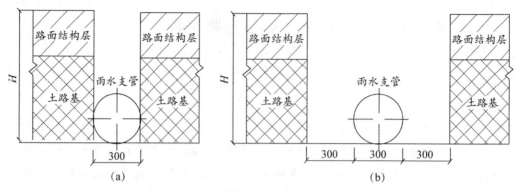

图 1-3　雨水支管沟槽开挖断面示意图（单位：mm）

事件三：雨水支管施工完成后，进入面层施工阶段，在钢筋进场时，试验员当班检查了钢筋的品种、规格，均符合设计和国家现行标准规定，经复试（现场取样）合格。但忽略了供应商没提供的相关资料，便将钢筋投入现场施工使用。

【问题】

1. 设计单位增设的 200mm 厚级配碎石层应设置在道路结构中的哪个层次？说明其作用。
2. "五牌一图"具体指哪些牌和图？
3. 请写出事件一中进入冬期施工的气温条件是什么？并写出基层分项工程应在冬期施工到来之前多少天完成。
4. 请在图 1-3 雨水支管沟槽开挖断面示意图中选出正确的雨水支管开挖断面形式。（开挖断面形式用（a）断面或（b）断面作答）
5. 事件三中，钢筋进场时还需要检查哪些资料？

案例二

【背景资料】

某公司承建的市政桥梁工程中,桥梁引道与现有城市次干道呈T型平面交叉,次干道边坡坡率为1:2,采用植草防护;引道位于种植滩地,线位上现存池塘一处(长15m、宽12m、深1.5m)。

引道两侧边坡采用挡土墙支护;桥台采用重力式桥台,基础为φ120cm混凝土钻孔灌注桩。引道纵断面如图1-4所示,挡土墙横截面如图1-5所示。

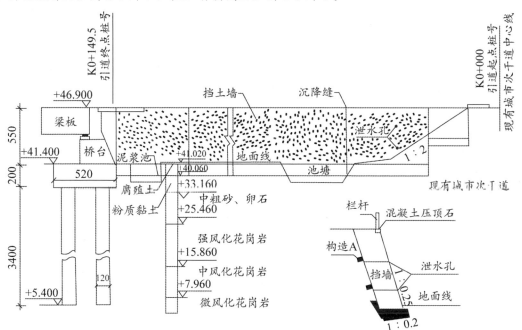

图1-4 引道纵断面示意图(标高单位:m;尺寸单位:cm) 　　图1-5 挡土墙横截面示意图

项目部编制的引道路堤及桥台施工方案内容如下:

(1)桩基泥浆池设置于台后引道滩地上,公司现有如下桩基施工机械可供选用:正循环回转钻、反循环回转钻、潜水钻、冲击钻、长螺旋钻机、静力压桩机。

(2)引道路堤在挡土墙及桥台施工完成后进行,路基用合格的土方从现有城市次干道倾倒入路基后用机械摊铺碾压成型,施工工艺流程如图1-6所示。

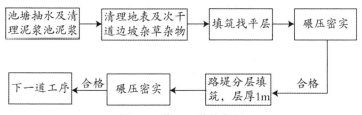

图1-6 施工工艺流程图

监理工程师在审查施工方案时指出:施工方案(2)中施工组织存在不妥之处,施工工艺流程图存在较多缺漏及错误,要求项目部改正。

【问题】

1. 施工方案(1)中,项目部宜选择哪种桩基施工机械?说明理由。

2. 指出施工方案（2）中引道路堤填土施工组织存在的不妥之处，并改正。

3. 结合图1-4，补充并改正施工方案（2）中施工工艺流程的缺漏和错误之处（用文字叙述）。

4. 图1-5所示挡土墙属于哪种结构形式（类型）？写出图1-5中构造A的名称。简述其功用。

案例三

【背景资料】

某项目部在10月中旬中标南方某城市道路改造二期工程,合同工期3个月,合同工程量为:道路改造部分长300m、宽45m,既有水泥混凝土路面加铺沥青混凝土面层与一期路面顺接,新建污水系统DN500mm、埋深4.8m,旧路部分开槽埋管施工,穿越一期平交道口部分采用不开槽施工,该段长90m,接入一期预留的污水接收井,如图1-7所示。

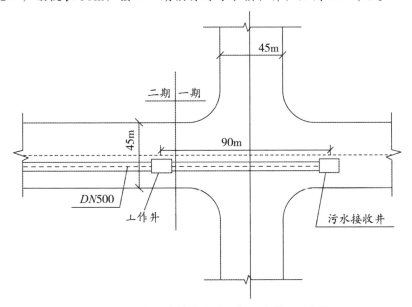

图1-7 二期污水管道穿越一期平交道口示意图

项目部根据现场情况编制了相应的施工方案。

(1) 道路改造部分:对既有水泥混凝土路面进行充分调查后,作出以下结论:

①对有破损、脱空的既有水泥混凝土路面,全部挖除,重新浇筑。

②新建污水管线采用开挖埋管。

(2) 不开槽污水管道施工部分:设一座工作井,工作井采用明挖法施工,将一期预留的接收井打开做好接收准备工作。

该方案报监理工程师审批没能通过被退回,要求进行修改后上报。项目部认真研究后发现以下问题:

(1) 既有水泥混凝土路面的破损、脱空部位不应全部挖除,应先进行维修。

(2) 施工方案中缺少既有水泥混凝土路面作为道路基层加铺沥青混凝土的具体做法。

【问题】

1. 对已确定的破损、脱空部位进行基底处理的方法有几种?分别是什么方法?
2. 对旧水泥混凝土路面进行调查时,应采用何种手段查明路基的相关情况?
3. 既有水泥混凝土路面作为道路基层加铺沥青混凝土前,哪些构筑物的高程需做调整?
4. 工作井除采用明挖法施工外,还有哪几种施工方法?

案例四

【背景资料】

某公司中标修建城市新建主干道，全长2.5km，双向四车道，其结构从下至上为：20cm厚石灰稳定碎石底基层，38cm厚水泥稳定碎石基层，8cm厚粗粒式沥青混合料底面层，6cm厚中粒式沥青混合料中面层，4cm厚细粒式沥青混合料表面层。

项目部编制的施工机械主要有挖掘机、铲运机、压路机、洒水车、平地机和自卸汽车。施工方案中，石灰稳定碎石底基层直线段采用由中间向两边的方式进行碾压，沥青混合料摊铺时随摊铺随时检查温度，用轮胎压路机初压，碾压速度控制在1.5~2.0km/h。

施工现场设立了公示牌，包括工程概况牌、安全生产牌、文明施工牌、安全纪律牌。项目部将20cm厚石灰稳定碎石底基层，38cm厚水泥稳定碎石基层，8cm厚粗粒式沥青混合料底面层，6cm厚中粒式沥青混合料中面层，4cm厚细粒式沥青混合料表面层等五个施工过程分别用Ⅰ、Ⅱ、Ⅲ、Ⅳ、Ⅴ表示，并将Ⅰ、Ⅱ两项划分成4个施工段（1）、（2）、（3）、（4）。

Ⅰ、Ⅱ两个施工过程在各施工段上的持续时间见表1-1。而Ⅲ、Ⅳ、Ⅴ不分施工段连续施工，持续时间均为1周。

表1-1 Ⅰ、Ⅱ两个施工过程在各施工段的持续时间

施工过程	持续时间（单位：周）			
	①	②	③	④
Ⅰ	4	5	3	4
Ⅱ	3	4	2	3

项目部按各施工段持续时间连续、均衡作业，不平行，搭接施工的原则规划了施工进度计划横道图，图例如图1-8所示。

施工过程	周																					
	1	2	3	4	5	6	7	8	9	10	11	12	13	14	15	16	17	18	19	20	21	22
Ⅰ																						
Ⅱ																						
Ⅲ																						
Ⅳ																						
Ⅴ																						

图1-8 施工进度计划横道图

【问题】

1. 补充施工机械种类计划中缺少的主要机械。
2. 请给出正确的底基层碾压方法和沥青混合料的初压设备。
3. 沥青混合料碾压温度是依据什么因素确定的？
4. 除背景资料提及的公示牌外，现场还应设立哪些公示牌？
5. 请按背景要求和图1-8的形式，用横道图画出完整的施工进度计划，并计算工期。

模块二 城市桥梁工程

案例一

【背景资料】

某市政公司承接了一条市政道路的施工项目,路线全长30.85km,路基宽度为8.5m,路面宽度为2×3.5m,该工程包含一座桥梁,上部结构为现浇空心梁板。该工程主要施工内容包括地基清表、挖台阶、A区域分层填筑、铺设土工格栅、设置构造物K、路面铺筑等。路面结构层如图2-1所示,B区域为已经填筑完成的路堤填筑区域。

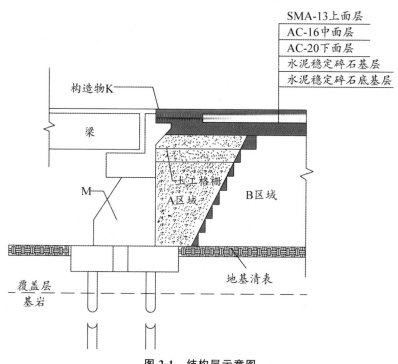

图2-1 结构层示意图

该项目实施过程中发生了如下事件:

事件一:为提高路基边缘压实度,项目部在取得旁站监理的同意后加宽了1000mm路基宽度,施工完成后,项目部将加宽的工程量向负责计量的监理工程师提出支付要求。

事件二:针对基层与底基层的施工,施工单位在施工组织设计中做了详细要求,现摘录2条技术要点如下:

(1)对无法使用机械摊铺的超宽路段,应采用人工同步摊铺、修整,并同时碾压成型。

(2)气候炎热、干燥时碾压水泥稳定混合料,含水率应比最佳含水率低2%。

事件三:基层拌合站位于城市郊区,受城市交通管制和环境保护要求,采取夜间运输、白天摊铺方式施工,碾压成型后发现水泥稳定碎石基层局部表面松散。

事件四:由于工期要求,台身、挡墙混凝土强度达到设计强度的70%以上时,立即回填土。

【问题】
1. 写出图中构造物 K、M 的名称及作用。
2. 图中 A 区域应采用哪些特性的填料回填?
3. 事件一中,项目部的要求是否合理?说明理由。
4. 对事件二中的技术要点逐条判断对错,并改正错误之处。
5. 事件三中,试分析水泥稳定碎石基层局部表面松散的原因。
6. 事件四中,项目部的做法是否正确?

案例二

【背景资料】

某施工单位承接一座城市跨河桥的A标段和轻轨交通工程的B标段，A标段为上、下行分立的两幅桥，上部结构为现浇预应力混凝土连续箱梁结构，跨径为70m+120m+70m。B标段高架桥在A标段两幅桥梁中间修建，结构形式为现浇预应力混凝土连续箱梁，跨径为87.5m+145m+87.5m。三幅桥间距较近，B标段高架桥上部结构底面高于A标段桥面3.5m以上。

施工项目部根据A标段和B标段的特点，编制了施工组织设计，经项目总监理工程师审批后实施。施工过程中发生如下事件：

事件一：A标段两幅桥的上部结构采用碗扣式支架施工，由于所跨越河道流量较小，水面窄，项目部施工组织设计采用双孔管涵导流，回填河道并压实处理后作为支架基础，待上部结构施工完毕以后挖除，恢复原状。支架施工前，采用1.1倍的施工荷载对支架基础进行预压。支架搭设时设置预拱度，预拱度考虑承受施工荷载后支架产生的弹性变形。

事件二：B标段晚于A标段开工，由于河道疏浚贯通节点工期较早，导致B标段上部结构不具备支架法施工条件。

【问题】

1. 本案例的施工组织设计审批是否符合规定？说明理由。
2. 支架预拱度还应考虑哪些变形？
3. 支架施工前，对支架基础预压的主要目的是什么？
4. B标段连续梁施工采用何种方法最适合？说明这种施工方法的浇筑顺序。

案例三

【背景资料】

某市政公司中标某市桥梁工程。该桥梁跨越该市既有外环道路,与之斜交,为了满足社会车辆安全通行需要,采取交通导行措施并设置限高4.8m。通行孔平面布置如图2-2所示。桥梁最大跨度为30m,桥梁高度为8m,建筑高度为1.5m,下部结构采用钻孔灌注桩基础;上部结构为现浇预应力混凝土箱梁,采用支撑间距较大的贝雷片门洞式支架,贝雷片做过梁,梁高和梁顶支架模板的总高度将超过2.0m,如图2-3所示。

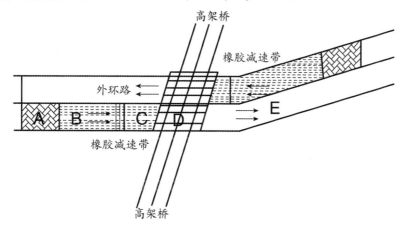

图2-2 通行孔平面布置图

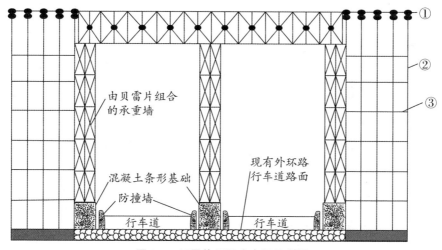

图2-3 贝雷片门洞式支架示意图

施工过程中发生以下事件:

事件一:首批桩基检测报告出现断桩,检查过程中发现:未见灌注桩施工技术交底文件,只有项目技术负责人现场口头交底记录。水下混凝土浇筑检查记录显示:导管埋深在0.8~1.0m之间,浇筑过程中,拔管指挥人员因故离开现场。

事件二:为了防止桩顶不密实,根据实际情况,项目部技术人员分析的可能原因有:①超灌高度不够;②商品混凝土浮浆较多;③孔内水下混凝土面测量不准确。项目部针对分析的原因,采取了相应的技术措施。

【问题】
1. 桥梁净空高度是否满足社会车辆通行需要？说明理由。
2. 指出图 2-3 中①②③的名称，并写出图中应补充之处。
3. 事件一中的做法是否妥当？如不妥当，给出正确做法。
4. 除背景资料中的断桩原因外，试分析断桩的其他可能原因。
5. 事件二中，针对灌注桩顶混凝土不密实的原因，应采取哪些相应的技术措施？

案例四

【背景资料】

甲公司承建某城市跨线桥梁工程,桥梁全长为200m,该桥为现浇混凝土预应力箱梁,横断面如图2-4所示。为确保在上部现浇箱梁施工过程中下方道路正常通行,跨越道路部分采用门洞式支架,支架采用钢管柱作为临时支墩,支墩基础采用C20钢筋混凝土浇筑,基础高度为1.0m,宽度为1.0m,支墩位置与道路平行布置,保证净间距8.5m,门洞高度不小于5.2m。

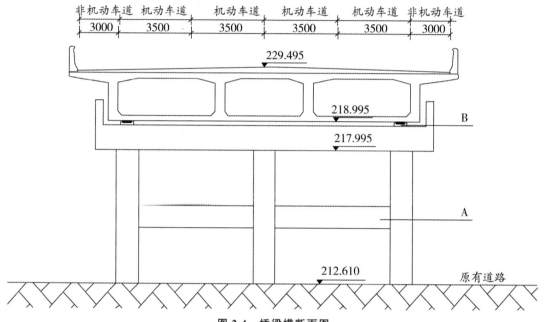

图2-4 桥梁横断面图

工程施工过程中发生如下事件:

事件一: 下部结构施工完成后,清除支架范围内的泥浆、稀泥,回填承台基坑,整平箱梁范围内的场地,压路机压实完毕经检查合格后进行支架搭设。箱梁预应力筋施工时采用电弧切割预应力筋下料,检查合格后进行混凝土浇筑,浇筑完毕后进行洒水覆盖养护。箱梁混凝土强度达到规定要求后,进行孔道清理、预应力张拉、压浆。

事件二: 施工完毕后,施工单位从支座向跨中方向依次循环拆除支架,监理发现后随即进行制止。

【问题】

1. 写出A、B的名称,并计算桥下净空高度。
2. 事件一中是否有不妥之处?如有,指出并改正。
3. 事件二中监理的做法是否正确?说明理由。
4. 支架拆除应该采取的安全措施有哪些?

案例五

【背景资料】

A公司承建一座桥梁工程,将跨河桥的桥台土方开挖工程分包给B公司,合同金额为500万元。桥台基坑底面尺寸为50m×8m,深4.5m,地下水位于地表下3m处。施工期河道水位为−4.0m,基坑顶远离河道一侧设置钢筋加工场和施工便道(用于弃土和混凝土运输及浇筑)。基坑开挖断面如图2-5所示。

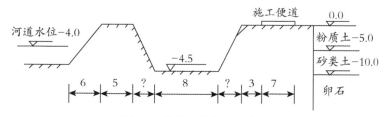

图2-5 基坑开挖断面示意图

在施工前,B公司按A公司项目部提供的施工组织设计编制了基坑开挖施工方案和施工安全技术措施。施工方案的基坑坑壁坡度根据图2-5提供的地质情况按表2-1确定。

表2-1 基坑坑壁容许坡度表(规范规定)

坑壁土类	坑壁坡度(高:度)		
	基坑顶缘无荷载	基坑顶缘有静载	基坑顶缘有动载
粉质土	1:0.67	1:0.75	1:1.0
黏质土	1:0.33	1:0.5	1:0.75
砂类土	1:1	1:1.25	1:1.5

项目部进场后配备了专职安全管理人员,并编制了专项安全应急预案。

基坑开挖前,项目部对B公司作了书面安全技术交底后双方签字。

【问题】

1. 根据所给图表确定基坑的坡度,并给出坡度形成的投影宽度。
2. 根据现场条件,宜采用何种降水方式及平面布置形式。
3. 安全技术交底包括哪些内容?

案例六

【背景资料】

某公司承建一座城市桥梁工程，双向四车道，桥跨布置为 4 联×（5×20m），上部结构为预应力混凝土空心板，横断面布置空心板共 24 片。桥墩构造横断面如图 2-6 所示。空心板中板的预应力钢绞线设计有 N1、N2 两种形式，均由同规格的单根钢绞线索组成，空心板中板构造及钢绞线索布置图如图 2-7 所示。

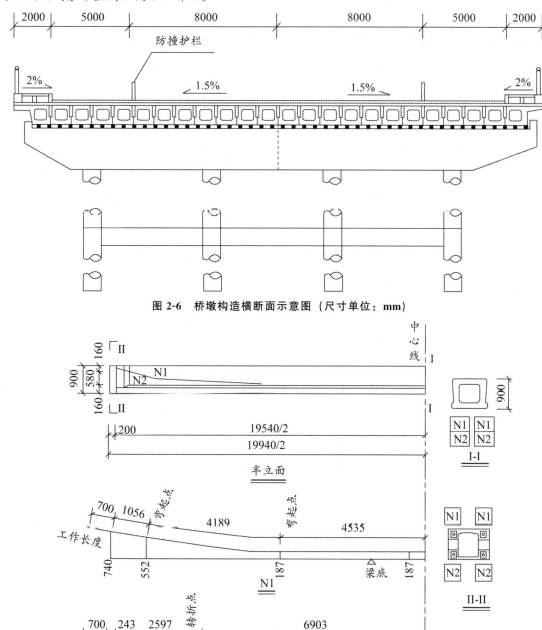

图 2-6 桥墩构造横断面示意图（尺寸单位：mm）

图 2-7 空心板中板构造及钢绞线索布置半立面示意图（尺寸单位：mm）

项目部编制的空心板专项施工方案有如下内容：

（1）钢绞线采购进场时，材料员对钢绞线的包装、标志等进行查验，合格后入库存放。随后，项目部组织开展钢绞线见证取样送检工作，检测项目包括表面质量等。

（2）计算汇总空心板预应力钢绞线用量。

（3）空心板浇筑混凝土施工时，项目部对混凝土拌合物进行质量控制，分别在混凝土拌合站和预制厂浇筑地点随机取样检测混凝土拌合物的坍落度，其值分别为 A 和 B，并对坍落度测值进行评定。

【问题】

1. 结合图 2-7，分别指出空心板预应力体系属于先张法和后张法、有粘结和无粘结预应力体系中的哪种体系？

2. 指出钢绞线存放的仓库需具备的条件。

3. 补充施工方案（1）中钢绞线入库时材料员还需查验的资料；指出钢绞线见证取样还需检测的项目。

4. 列式计算全桥空心板中板的钢绞线用量。（单位 m，计算结果保留 3 位小数）

5. 指出施工方案（3）中坍落度值 A、B 的大小关系，并说明混凝土质量评定时应使用哪个数值？

模块三 城市隧道工程

案例一

【背景资料】

某市政公司承建某市隧道工程,包括地铁车站、区间隧道、联络通道。其中隧道部分采用喷锚网联合支护形式,复合式衬砌结构,结合超前小导管作为预加固、预支护的措施,断面示意图如图3-1所示。其中车站部分采用的基坑围护结构为地下连续墙,钢筋混凝土支撑。

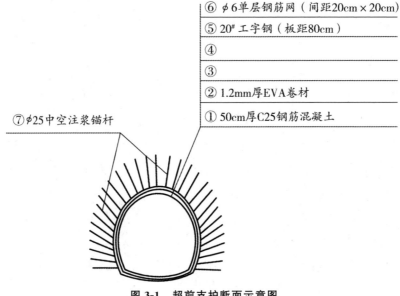

图3-1 超前支护断面示意图

车站及隧道在施工过程中发生如下事件:

事件一:隧道施工中,为了提高固结后的强度、稳定性和耐久性,在砂层注浆过程中采用劈裂注浆法。小导管注浆施工中采用石灰砂浆,经过试验确定了合理的注浆量和注浆压力,并充满钢管及周围空隙。在一个模筑段长度内灌注边墙混凝土时,施工单位为施工方便,先灌注完左侧边墙混凝土,再灌注右侧边墙混凝土。

事件二:车站施工过程中,由于地下连续墙缺陷造成渗漏,因渗漏很严重,项目部决定使用引流管引流并用双快水泥封堵缺陷。

事件三:施工期间,支护结构呈现出严重的"踢脚"变形,项目部采取坡顶卸载的处理措施。监理工程师认为措施过于单一,提出了两点补充。

事件四:注浆施工期间,为了防止浆液溢出或超出注浆范围,施工人员随时监测地下水污染情况。

【问题】

1. 指出图中③④代表的名称。
2. 复合式衬砌由几部分结构组成?每部分结构分别用图中所示①~⑦表示。
3. 事件一中有几处错误?请指出并改正。

4. 事件二中，项目部的决定是否可行？如不可行，给出适当的做法。
5. 事件三中，写出监理工程师的两点补充。
6. 事件四中，监测项目还应包括什么？

案例二

【背景资料】

某公司承建城区防洪排涝应急管道工程,受环境条件限制,其中一段管道位于城市主干路机动车道下,垂直穿越现状人行天桥,隧道采用浅埋暗挖形式;隧道开挖断面为3.9m×3.35m,横断面布置如图3-2所示。施工过程中,在沿线3座检查井位置施作工作竖井,井室平面尺寸长6.0m,宽5.0m。井室、隧道均为复合式衬砌结构,初期支护为钢格栅+钢筋网+喷射混凝土,二衬为模筑混凝土结构,衬层间设塑料板防水层。隧道穿越土层主要为砂层、粉质黏土层,无地下水。设计要求施工中对机动车道和人行天桥进行重点监测,并提出了变形控制值。

施工前,项目部编制了浅埋暗挖隧道下穿道路专项施工方案,拟在工作竖井位置占用部分机动车道搭建临时设施,进行工作竖井施工和出土,施工安排3个竖井同时施作,隧道相向开挖,以满足工期要求。

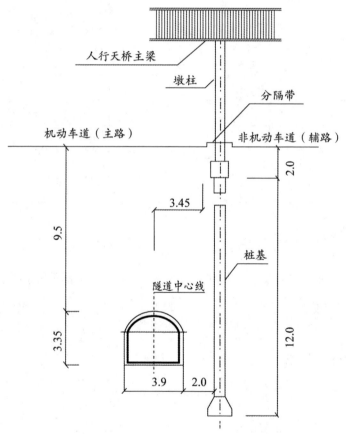

图3-2 下穿人行天桥隧道横断面图(单位:m)

【问题】

1. 根据图3-2分析隧道施工对周边环境可能产生的安全风险。
2. 工作竖井施工前,项目部应向哪些部门申报、办理哪些报批手续。
3. 简述隧道相向开挖贯通施工的控制措施。

案例三

【背景资料】

某公司中标污水处理厂升级改造工程,处理规模为 70 万 m^3/d,其中包括中水处理系统。中水处理系统的配水井为矩形钢筋混凝土半地下室结构,平面尺寸为 17.6m×14.4m,高 11.8m,设计水深 9m;底板、顶板厚度分别为 1.1m、0.25m。

施工过程中发生了如下事件:

事件一:配水井基坑边坡坡度为 1:0.7(基坑开挖不受地下水影响),采用厚度 6~10cm 的细石混凝土护面。配水井顶板现浇施工采用扣件式钢管支架,支架剖面如图 3-3 所示。施工方案报公司审批时,主管部门认为基坑缺少降、排水设施,顶板支架缺少重要杆件,要求修改补充。

事件二:在基坑开挖时,现场施工员认为土质较好,拟取消细石混凝土护面,被监理工程师发现后制止。

事件三:项目部识别了现场施工的主要危险源,其中配水井施工现场主要易燃易爆物品包括脱模剂、油漆稀释料……。项目部针对危险源编制了应急预案,给出了具体预防措施。

事件四:施工过程中,由于设备安装工期压力,中水管道未进行功能性试验就进行了道路施工(中水管在道路两侧)。试运行时中水管道出现问题,破开道路对中水管进行修复造成经济损失 180 万元,施工单位为此向建设单位提出费用索赔。

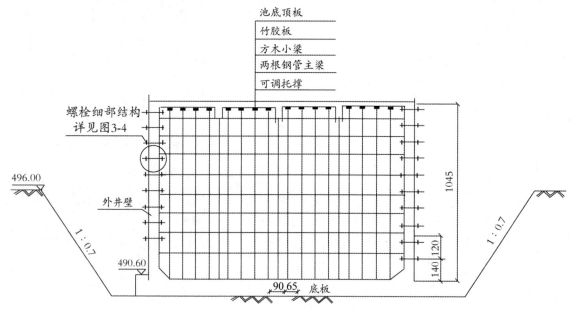

图 3-3 配水井顶板支架剖面示意图

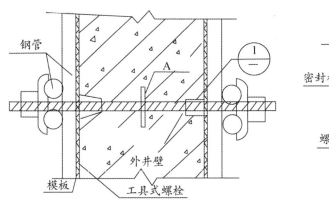
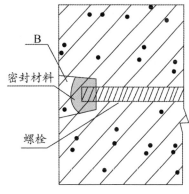

图 3-4　横板对拉螺栓细部结构图　　　　　　⊖拆模后螺栓孔处置节点图

【问题】

1. 图 3-3 中，基坑缺少哪些降、排水设施？顶板支架缺少哪些重要杆件？
2. 指出图 3-4 和节点图中 A、B 的名称，简述本工程采用这种形式螺栓的原因。
3. 事件二中，监理工程师为什么制止现场施工员的行为？取消细石混凝土护面应履行什么手续。
4. 事件三中，现场的易燃易爆物品危险源还包括哪些？
5. 事件四所造成的损失能否索赔？说明理由。

模块四 城市管道工程

案例一

【背景资料】

某管道全长约11km,其中K0+100～K1+100段排水主干管管径为DN1200,管道敷设采用明挖管沟施工。管道最大埋置深度为4.83m,最小埋置深度为1.89m。沿线存在大量的通信光缆、电力管线及市政管道等。施工过程中发生如下事件:

事件一:开挖用挖掘机一次性挖到设计标高,验槽时发现该槽底出现局部超挖,局部超挖深度达到60mm。

事件二:管沟支护采用拉森钢板桩支护,根据管沟开挖深度及土质采用如图4-1所示的支护结构。

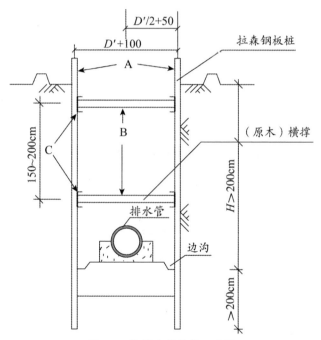

图4-1 沟槽支护结构示意图

事件三:在沟槽开挖过程中,由于疏忽,导致基坑支护结构出现较大变形,项目部采取了相应的处理措施后进行施工。

事件四:沟槽回填前,应将砖、石、木块等杂物清除干净。管道两侧回填时从一侧向另一侧填土,回填应在气温最高时进行。

【问题】

1. 分析事件一中超挖的原因及处理措施。
2. 根据沟槽支护结构示意图,写出构件A、B、C的名称及安拆顺序。(用字母及→表示)
3. 写出验槽的参与方及检查验收项目。
4. 事件三中,对于支护结构出现较大变形,施工单位可采取哪些措施?

5. 指出事件四中的不妥之处,并改正。

案例二

【背景资料】

某项目部承建城市主干道大修工程,道路全长 5.8km,双向 6 车道,该道路为上下班高峰期间交通要道。工程地点位于城市核心区,周边建筑物多,车流量、人流量大,地面深度 1.5m 范围内布设有电力电缆、热力管道、给水管道等多种管线。

工程内容主要包括:

(1) 铣刨现有沥青路面上面层。

(2) 加铺 40mm 厚 SMA-13 改性沥青混凝土上面层。

(3) 道路局部检查井加高,更换铸铁井盖。

(4) 因既有管线改移,在图 4-2 中的 A 井与 B 井之间增设 25m 长 DN800 雨水管道。工程总工期 8 个月。

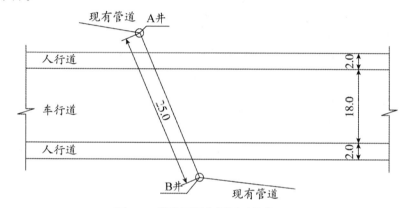

图 4-2 道路平面布置图(单位:m)

施工过程中发生以下事件:

事件一:项目部进场前,仔细调研了周边环境,为确保工程顺利实施,项目部到相关部门办理了手续。

事件二:新建检查井 A 井和 B 井位于人行道外侧、城市绿地范围内,采用烧结砖砌筑。新建管道为雨水专用排放管道,埋深 4.5m,主要穿越地层为粉质黏土,地下水位于地面以下 2.0m,周边有一国防电缆距新建管道仅 0.4m。施工方案比选阶段,项目部考虑了开槽法、浅埋暗挖法、夯管法、顶管法等四种新建管道施工方法。

事件三:新建雨水管道施工完成,项目部完成准备工作后,进行管道工程功能性试验。

事件四:为加快施工速度,现有上面层铣刨并用高压水枪冲洗后,立即喷洒透层油,摊铺新面层。新铺上面层采用轮胎式压路机进行初压和复压,三轮式钢轮压路机终压。项目部现场实测路表温度为 60℃后,开放了交通。

【问题】

1. 事件一中,项目部应到哪些部门办理手续?

2. 事件二中,新建管道采用哪种施工方法最适合?分别简述其他三种方法不适合的主要原因。

3. 事件三中的"功能性试验"应为水压试验还是闭水试验?写出试验管段选取的原则。

4. 指出并改正事件四中的错误之处。

案例三

【背景资料】

某市政公司负责翻建某市雨、污水管道工程,采用雨、污分流排水体制。雨水管为球墨铸铁管,管径DN700;污水管为承插式钢筋混凝土管,管径DN800。

施工单位现场踏勘中,发现本工程距离现状道路较近,且道路两侧有架空电缆及路灯杆等障碍物,经过综合考虑后确定采用直槽开挖的形式,管道采用同槽开挖施工,在混凝土板桩、钢板桩、钻孔灌注桩、重力式水泥土搅拌墙四种围护结构中选择钢板桩作为本槽段的围护结构。沟槽示意图如图4-3所示。为避免作业干扰,雨、污水管道设置了合理的工作面宽度,横向净距为2m。针对开槽和下管过程中的风险问题,配置专职安全员全程监督检查。现场土质除上部为人工填土层外,均为粉质黏土,少量浅层滞水,工程无需降水。

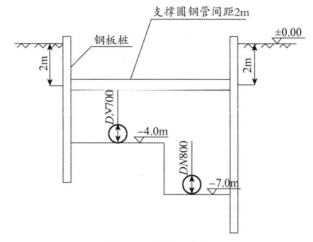

图4-3 沟槽示意图

施工过程中发生如下事件:

事件一:由于下雨,现场排水不畅,造成基底被雨水浸泡,发生沟槽坍塌事故。

事件二:为了加快施工进度,项目部做出如下施工部署:

(1) 沟槽开挖完毕,直接进行管道安装。

(2) 全体作业人员午饭后不休息,雨、污水管道同时回填,同时夯实。

事件三:雨水管道回填至设计高程后,测得管道变形率为2.5%。

【问题】

1. 直槽开挖和下管有哪些安全风险?
2. 分析事件一中沟槽坍塌的可能原因。
3. 事件二中,为加快施工进度,有几处错误,并改正。
4. 事件三中,写出雨水球墨铸铁管变形率测定的具体要求。

案例四

【背景资料】

某公司承建一城市污水管道工程,管道全长1.5km。采用DN1200的钢筋混凝土管,管道平均覆土深度约6m。考虑现场地质水文条件,项目部准备采用"拉森钢板桩+钢围檩+钢支撑"的支护方式,沟槽支护示意图如图4-4所示。

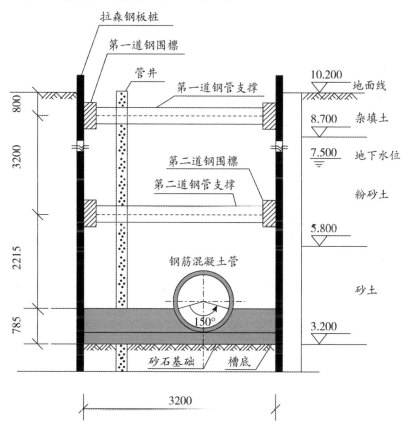

图4-4 沟槽支护示意图(标高单位:m;尺寸单位:mm)

项目部编制了"沟槽支护,土方开挖"专项施工方案,经专家论证,因缺少降水专项方案被评定为"修改后通过"。项目部经计算补充了井点降水措施,方案获"通过",项目进入施工阶段。在沟槽开挖到槽底后进行分项工程质量验收,槽底无浸水扰动,槽底高程、中线、宽度符合设计要求。项目部认为沟槽开挖验收合格,拟开始后续垫层施工。在完成下游3个井段管道安装及检查井砌筑后,抽取其中1个井段进行了闭水试验。为加快施工进度,项目部拟增加现场作业人员。

【问题】

1. 写出钢板桩围护方式的优点。
2. 写出井管与孔壁间填充滤料的名称,滤料填至地面以下1~2m后如何处理?
3. 写出项目部"沟槽开挖"分项工程质量验收中缺失的项目。
4. 写出闭水试验试验水头的确定方法。

模块五　城市基础设施更新工程

案例一

【背景资料】

某施工单位承接了一条主干路双向四车道"白改黑"工程，即在原水泥混凝土路面上加铺沥青混凝土面层的改造工程。加铺路面结构示意图如图5-1所示。

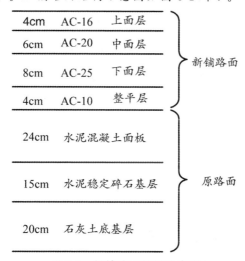

图5-1　加铺路面结构示意图

施工单位采用直接加铺法施工。对破损严重的板块进行凿除，并重新浇筑水泥混凝土板；对脱空板采用开挖式基底处理方法，处理前进行详细探查，测出路面板下松散、脱空和既有管线附近沉降区域，具体工艺流程如下：定位→A→制浆→B→堵孔→交通控制→弯沉检测。

经弯沉检测合格后进行下一道工序。所有面板处理完成后，施工单位对旧路面接缝进行了处理，然后进行沥青混凝土加铺施工。

为保证边施工、边通车，开工前项目部向媒体发布了施工信息，并确定了施工区域的范围及施工安全管理方案，在施工区两端设置了安全标志，所有施工车辆均配置黄色闪光标志灯，现场足额配备了专职安全员。项目部还编制了交通导行方案，其中包含下列内容：严格划分了施工现场各区域的范围；现场配置了交通疏导员。

【问题】

1. 写出脱空板处理工艺流程中A、B工序的名称。
2. 写出脱空板详细探查的具体方法。
3. 对破损严重板块采用什么处理方法？阐述其特点。
4. 上面层中"AC"和"16"分别表示什么含义？
5. 为保证社会车辆安全通行，在施工区两端应设置哪些安全标志？对安全员的着装和在施工路段安全巡查的时间有何要求？
6. 该交通导行方案是不完整的，将交通导行方案补充完整。

案例二

【背景资料】

某城市道路改扩建工程,现有道路为单幅水泥混凝土道路,幅宽15m,交通拥堵,拟将其扩建成宽30m,路中设5m宽绿化隔离带的沥青混凝土道路,且在绿化隔离带下新建雨水管道,新旧道路断面如图5-2所示。

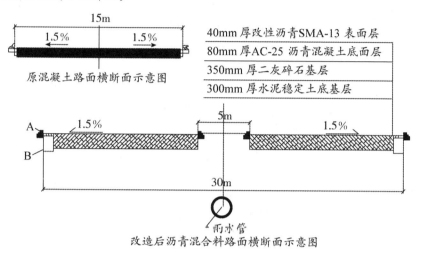

图5-2 新旧道路断面示意图

为利用现有资源,经对现况水泥路面检测,决定除绿化带处的路面外,其余路面可经铣刨处理后,直接铺装改性沥青表面层。为了使水泥混凝土面层与沥青面层结合较好且防止路面出现反射裂缝,项目部在铣刨后的混凝土路面上采用以土工织物设置应力消减层的施工保障措施。

项目部编制了施工组织设计,按照施工方案搭设围挡,设置交通指示和警示信号标志。鉴于工期紧迫,项目部拟加快底基层施工速度,采取如下措施:采用初凝时间3h以下的32.5级硅酸盐水泥和现场原状松散土,按照设计配合比现场路拌水泥稳定土;水泥稳定土分层碾压成型,保湿养护3d后即进行下一道工序施工。

【问题】

1. 指出A、B的名称。
2. 除本项目中提及的措施,还可以采取哪些措施防治反射裂缝?
3. 设置施工围挡需注意哪些相关事宜?
4. 指出项目部拟采取措施的不妥之处并改正。

案例三

【背景资料】

某公司承建城市道路改扩建工程,工程内容包括:

(1) 在原有道路两侧各增设隔离带、非机动车道及人行道。

(2) 在北侧非机动车道下新增一条长800m、直径为DN500的雨水主管道,雨水口连接支管口径为DN300,管材采用HDPE双壁波纹管,胶圈柔性接口,主管道内连接现有检查井,管道埋深为4m,雨水口连接管位于道路基层内。

(3) 在原有机动车道上加铺厚50mm改性沥青混凝土上面层。道路横断面布置如图5-3所示。

施工范围内土质以硬塑粉质黏土为主,土质均匀,无地下水。

项目部编制的施工组织设计将工程项目划分为三个施工阶段:第一阶段为雨水管道施工;第二阶段为两侧隔离带、非机动车道、人行道施工;第三阶段为原机动车道加铺沥青混凝土面层。同时编制了各施工阶段的施工技术方案,内容有:

(1) 为确保道路正常通行及文明施工要求,根据三个施工阶段的施工特点,在图5-3中A、B、C、D、E、F所示的6个节点上分别设置各施工阶段的施工围挡。

(2) 主管道沟槽开挖由东向西按井段逐段进行,拟定的槽底宽度为1600mm,南北两侧的边坡坡度分别为1∶0.5和1∶0.67,采用机械挖土、人工清底;回用土存放在沟槽北侧,南侧设置管材存放区,弃土运至指定存土场地。

(3) 原机动车道加铺改性沥青路面施工,安排在两侧非机动车道施工完成并导入社会交通后,整幅分段施工。加铺前对旧机动车道面层进行铣刨、裂缝处理、井盖高度提升、清扫、喷洒(刷)粘层油等准备工作。

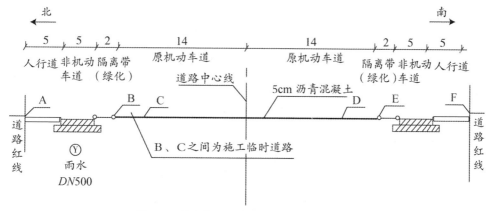

图5-3 道路横断面布置示意图(单位:m)

【问题】

1. 本工程雨水口连接支管施工应有哪些技术要求?
2. 用图中的节点代号分别指出各个施工阶段设置围挡的区间。
3. 写出确定主管道沟槽开挖宽度及两侧槽壁放坡坡度的依据。
4. 现场土方存放与运输时,应采取哪些环保措施?
5. 加铺改性沥青面层施工时,应在哪些部位喷洒(刷)粘层油?

参考答案与解析

第一篇　市政公用工程技术

第一章　城镇道路工程
第一节　道路结构特征

考点 1　城镇道路分类与结构特征

1.【答案】B

【解析】主干路以交通功能为主,为连接城市各主要分区的干路,是城市道路网的主骨架。次干路是城市区域性的交通干道,为区域交通集散服务,兼有服务功能,结合主干路组成干路网。

2.【答案】B

【解析】城镇道路分级及主要技术指标见下表。

等级	设计车速 /(km·h^{-1})	双向机动车道数/条	机动车道宽度/m	分隔带设置	横断面采用形式	设计使用年限/年
快速路	60～100	≥4	3.50～3.75	必须设	双、四幅路	20
主干路	40～60	≥4	3.25～3.50	应设	三、四幅路	20
次干路	30～50	2～4	3.25～3.50	可设	单、双幅路	15
支路	20～40	2	3.25～3.50	不设	单幅路	10～15

3.【答案】B

【解析】基层主要起承重作用,应具有足够的强度和扩散荷载的能力并具备足够的水稳定性。

考点 2　道路路基结构特征

1.【答案】C

【解析】地下水位高时,宜提高路基顶面标高。在设计标高受限制,未能达到中湿状态的路基临界高度时,应选用粗粒土或低剂量石灰或水泥稳定细粒土做路基填料,同时应采取在边沟下设置排水渗沟等降低地下水位的措施。

2.【答案】D

【解析】本题考查的是路基填料施工。高液限黏土、高液限粉土及含有机质的细粒土,不适于做路基填料。因条件限制而必须采用上述土做填料时,应掺加石灰或水泥等结合料进行改善。地下水位高时,宜提高路基顶面标高。岩石或填石路基顶面应铺设整平层。整平层可采用未筛分碎石和石屑或低剂量水泥稳定粒料,其厚度视路基顶面不平整程度而定,一般为 100～150mm,选项 D 错误。

考点 3　道路路面结构特征

1.【答案】CE

【解析】基层材料应根据道路交通等级和路基抗冲刷能力来选择。

2.【答案】C

【解析】无机结合料稳定粒料基层属于半刚性基层,包括石灰稳定土类基层、石灰粉煤灰稳定砂砾基层、石灰粉煤灰钢渣稳定土类基层、水泥稳定土类基层等,其强度高,整体性好,适用于交通量大、轴载重的道路。级配型材料基层包括级配砂砾与级配砾石基层，属于柔性基层。

3. 【答案】D

【解析】对于特重及重交通等级的混凝土路面，横向胀缝、缩缝均设置传力杆。

4. 【答案】AE

【解析】选项B、C错误，粗集料应采用质地坚硬、耐久、洁净的碎石、砾石，技术指标应符合规范要求，粗集料的最大公称粒径，碎砾石不得大于26.5mm，碎石不得大于31.5mm，砾石不宜大于19.0mm。

选项D错误，宜采用质地坚硬、细度模数在2.5以上，符合级配规定的洁净粗砂、中砂。海砂不得直接用于混凝土面层。

5. 【答案】D

【解析】横向接缝可分为横向缩缝、胀缝和横向施工缝，快速路、主干路的横向胀缝应加设传力杆；在邻近桥梁或其他构筑物处、板厚改变处、小半径平曲线等处，应设置胀缝。

6. 【答案】B

【解析】沥青路面垫层性能主要指标：

(1) 垫层宜采用砂、砂砾等颗粒材料，小于0.075mm的颗粒含量不宜大于5%。

(2) 排水垫层应与边缘排水系统相连接，厚度宜大于150mm，宽度不宜小于基层底面的宽度。

(3) 防冻垫层和排水垫层宜采用砂、砂砾等颗粒材料。半刚性垫层宜采用低剂量水泥、石灰等无机结合稳定粒料或土类材料。

第二节 城镇道路路基施工

考点 1 地下水控制

【答案】B

【解析】地下水位接近或高于路床标高应设置暗沟、渗沟或其他设施，以排除或拦截地下水流，降低地下水位。

考点 2 特殊路基处理

【答案】ABCE

【解析】适用于处理松砂、粉土、杂填土及湿陷性黄土的是振密、挤密法。

考点 3 城镇道路路基施工技术

1. 【答案】D

【解析】城镇道路路基工程包括路基（路床、路堤）的土（石）方、相关的项目有涵洞、挡土墙、路肩、边坡防护、排水边沟、急流槽、各类管线等。

2. 【答案】ACE

【解析】填土路基碾压前检查铺筑土层的宽度、厚度及含水量，合格后即可碾压，碾压"先轻后重"，最后碾压应采用不小于12t级的压路机。填方高度内的管涵顶面填土500mm以上才能用压路机碾压。

3. 【答案】DE

【解析】在正式进行路基压实前，有条件时应做试验段，以便取得路基施工相关的技术参数。试验目的主要有：

(1) 确定路基预沉量值。

(2) 合理选用压实机具；选用机具考虑因素有道路不同等级、工程量大小、施工条件和工期要求等。

(3) 按压实度要求，确定压实遍数。

(4) 确定路基宽度内每层虚铺厚度。

(5) 根据土的类型、湿度、设备及场地条件，选择压实方式。

4. 【答案】D

【解析】选项A错误，填方段内应事先找平，当地面坡度陡于1:5时需修成台阶形式，每层台阶高度不宜大于300mm，宽度不应小于1m。

选项B错误，机械开挖时，必须避开构筑物、管线，在距管道边1m范围内应采用人工开挖。

选项C错误，过街雨水支管沟槽及检查井周围应用石灰土或石灰粉煤灰砂砾填实。

5. 【答案】BDE

【解析】路基压实要点：

(1) 压实方法（式）：重力压实（静压）和振动压实两种。

(2) 土质路基压实应遵循的原则："先轻后重、先静后振、先低后高、先慢后快，轮迹重叠。"压路机最快速度不宜超过4km/h。
(3) 碾压应从路基边缘向路中心进行，压路机轮外缘距路基边应保持安全距离。
(4) 碾压不到的部位应采用小型夯压机夯实，防止漏夯，要求夯击面积重叠1/4～1/3。
当管道位于路基范围内时，其沟槽的回填土压实度应符合《给水排水管道工程施工及验收规范》（GB 50268—2008）的规定，且管顶以上50cm范围内应采用轻型压实机具。

6. 【答案】A
【解析】路基施工以机械作业为主，人工配合为辅；人工配合土方作业时，必须设专人指挥；采用流水或分段平行作业方式。对行车安全、行人安全及树木、构筑物等保护要求高。

7. 【答案】D
【解析】路基填土宽度每侧应比设计规定宽500mm。

第三节 城镇道路路面施工

考点 1 路面结构分类

【答案】ACD
【解析】高等级沥青路面面层可划分为上（表）面层、中面层、下（底）面层。

考点 2 城镇道路基层施工

1. 【答案】D
【解析】水泥稳定土有良好的板体性，其水稳性和抗冻性都比石灰稳定土好，比水泥稳定粒料差。二灰稳定土有良好的力学性能、板体性、水稳性和一定的抗冻性，其抗冻性能比石灰土高很多。石灰稳定土有良好的板体性，但其水稳性、抗冻性以及早期强度不如水泥稳定土。

2. 【答案】D
【解析】水泥稳定土自拌合至摊铺完成，不得超过3h。分层摊铺时，应在下层养护7d

后，方可摊铺上层材料。

3. 【答案】C
【解析】无机结合料稳定基层的优点有结构较密实、孔隙率较小、透水性较小、水稳性较好、适宜于机械化施工、技术经济较合理。

4. 【答案】A
【解析】禁止用薄层贴补的方法进行找平。

5. 【答案】C
【解析】石灰与水泥稳定土类基层宜在春末和气温较高季节施工，施工气温应不低于5℃。在有冰冻的地区应在第一次重冰冻到来之前的15～30d完成施工。摊铺好的石灰稳定土应当天碾压成型，碾压时的含水量宜在最佳含水量的±2%范围内。水泥稳定土宜在水泥初凝前碾压成型。

6. 【答案】B
【解析】在设超高的平曲线段，应由内侧向外侧碾压。纵、横向接缝（槎）均应设直槎。

7. 【答案】C
【解析】路堤加筋的主要目的是提高路堤的稳定性。

8. 【答案】D
【解析】石灰稳定土被严格禁止用于高等级路面的基层，只能用作高级路面的底基层。水泥土只能用作高级路面的底基层。二灰稳定土具有明显的收缩特性，但小于水泥稳定土和石灰稳定土，也被禁止用于高等级路面的基层，而只能做底基层。二灰稳定粒料可用于高等级路面的基层与底基层。

9. 【答案】CDE
【解析】土工合成材料应具有质量轻、整体连续性好、抗拉强度较高、耐腐蚀、抗微生物侵蚀好、施工方便等优点。

考点 3 城镇道路面层施工

1. 【答案】A
【解析】透层：为使沥青混合料面层与非沥青材料基层结合良好，在基层上喷洒能很好渗入表面的沥青类材料薄层，选项A正确。

粘层：在既有结构和路缘石、检查井等构筑物与沥青混合料层的连接面应喷洒粘层油。为加强路面沥青层之间，沥青层与水泥混凝土路面之间的粘结而洒布的沥青材料薄层，选项B、C、D应浇洒粘层沥青。

2. 【答案】C

【解析】密级配沥青混凝土混合料复压宜优先采用重型轮胎压路机进行碾压，以增加密实性。

3. 【答案】C

【解析】摊铺机应采用自动找平方式。下面层宜采用钢丝绳或路缘石、平石控制高程与摊铺厚度，上面层宜采用导梁或平衡梁的控制方式。

4. 【答案】C

【解析】路面接缝必须紧密、平顺。上、下层的纵缝应错开150mm（热接缝）或300~400mm（冷接缝）以上。

5. 【答案】A

【解析】为防止沥青混合料粘轮，对压路机钢轮可涂刷隔离剂或防粘结剂，严禁刷柴油；亦可向碾轮喷淋添加少量表面活性剂的雾状水。

6. 【答案】ABCE

【解析】热拌沥青混合料的最低摊铺温度根据铺筑层厚度、气温、沥青混合料种类、风速、下卧层表面温度等，按规范要求执行。

7. 【答案】D

【解析】振动压路机应遵循"紧跟、慢压、高频、低幅"的原则，即紧跟在摊铺机后面，采取高频率、低振幅的方式慢速碾压，这是保证平整度和密实度的关键。

8. 【答案】D

【解析】如发现改性沥青SMA混合料高温碾压有推壅现象，应复查其级配，且不得采用轮胎压路机碾压，以防混合料被搓擦挤压上浮，造成构造深度降低或泛油。

9. 【答案】D

【解析】在混凝土达到设计弯拉强度40%以后，可允许行人通过。在面层混凝土完全达到设计弯拉强度且填缝完成后，方可开放交通。

10. 【答案】D

【解析】混凝土浇筑完成后应及时进行养护，可采取喷洒养护剂或保湿覆盖等方式；在雨天或养护用水充足的情况下，可采用保湿膜、土工毡、麻袋、草袋、草帘等覆盖物洒水湿养护方式，不宜使用围水养护。

11. 【答案】ACDE

【解析】胀缝应设置胀缝补强钢筋支架、胀缝板和传力杆。胀缝应与路面中心线垂直，缝壁必须垂直，缝宽必须一致，缝中不得连浆。缝上部灌填缝料，下部安装胀缝板和传力杆。

第四节　挡土墙施工

考点 1　挡土墙结构形式及分类

1. 【答案】ABCD

【解析】在城镇道路的填土工程、城市桥梁的桥头接坡工程中常用到重力式挡土墙、衡重式挡土墙、钢筋混凝土悬臂式挡土墙和钢筋混凝土扶壁式挡土墙。

2. 【答案】ACE

【解析】钢筋混凝土悬臂式挡土墙，采用钢筋混凝土材料，由立壁、墙趾板、墙踵板三部分组成。

3. 【答案】D

【解析】三种土压力中，主动土压力最小；静止土压力其次；被动土压力最大，位移也最大。

考点 2　挡土墙施工技术

【答案】D

【解析】选项A错误，勾缝砂浆的强度等级应不低于砌体砂浆的强度等级，且不低于M10。

选项B错误，现场绑扎钢筋网的外围两行钢筋交叉点全部用绑丝绑牢，中间部分交叉点可间隔交错扎牢。双向受力的钢筋网，钢筋交叉点全部用绑丝绑牢。钢筋接头宜采用焊接接头或机械连接接头，不得使用闪光对焊。

选项 C 错误，分段砌筑时，分段位置应设在基础变形缝部位，相邻砌筑段高差不宜超过 1.2m。

第五节 城镇道路工程安全质量控制

考点 1 城镇道路工程安全技术控制要点

1. 【答案】A

【解析】人工配合施工时，作业人员之间的安全距离，横向不得小于 2m，纵向不得小于 3m；不得掏洞挖土和在路堑底部边缘休息。

2. 【答案】B

【解析】严禁挖掘机等机械在电力架空线路下作业。需在其一侧作业时，垂直及水平安全距离应符合下表的要求。

电压/kV		<1	10	35	110	220	330	500
安全距离/m	沿垂直方向	1.5	3.0	4.0	5.0	6.0	7.0	8.5
	沿水平方向	1.5	2.0	3.5	4.0	6.0	7.0	8.5

考点 2 城镇道路工程质量控制要点

1. 【答案】ABD

【解析】无机结合料稳定基层原材料质量、压实度、7d 无侧限抗压强度等应符合规范规定要求。级配碎石基层集料质量及级配、压实度、弯沉等应符合规范规定要求。

2. 【答案】C

【解析】路缘石基础宜与相应的基层同步施工。

考点 3 城镇道路工程季节性施工措施

1. 【答案】B

【解析】城市快速路、主干路的路基不得用含有冻土块的土料填筑，次干路以下道路填土材料中冻土块最大尺寸不得大于 100mm，冻土块含量应小于 15%。

2. 【答案】C

【解析】选项 C 错误，城市快速路、主干路的沥青混合料面层严禁冬期施工。次干路及其以下道路在施工温度低于 5℃ 时，应停止施工。当风力在 6 级及以上时，沥青混合料面层不应施工。

3. 【答案】ACDE

【解析】雨期施工基本要求：

（1）加强与气象台站联系，掌握天气预报，安排在不下雨时施工。

（2）调整施工步序，集中力量分段施工。

（3）做好防雨准备，在料场和搅拌站搭雨棚，或施工现场搭可移动的罩棚。

（4）建立完善排水系统，防排结合；并加强巡视，发现积水、挡水处，及时疏通。

（5）道路工程如有损坏，及时修复。

4. 【答案】BC

【解析】基层施工质量控制的要点：

（1）对稳定类材料基层，应坚持拌多少、铺多少、压多少、完成多少。

（2）下雨来不及完成时，要尽快碾压，防止雨水渗透。

（3）在多雨地区，应避免在雨期进行石灰土基层施工；石灰稳定中粒土和粗粒土施工时，应采用排除表面水的措施，防止集料过分潮湿，并保护石灰免遭雨淋。

（4）雨期施工水泥稳定材料，特别是水泥土基层时，应特别注意天气变化，防止水泥和混合料遭雨淋。遇突然降雨时应停止施工，已摊铺的水泥混合料应尽快碾压密实。路拌法施工时，应排除下承层表面的水，防止集料过湿。

选项 A、D、E 属于路基雨期施工措施。

第二章 城市桥梁工程

第一节 城市桥梁结构形式及通用施工技术

考点 1 城市桥梁结构组成与类型

1. 【答案】B

【解析】桥梁高度为桥面设计标高至桥下路面标高，即 56.400－50.200＝6.200（m）。

2. 【答案】B

【解析】拱式桥的主要承重结构是拱圈或拱肋。拱桥的承重结构以受压为主，通常用抗压能力强的圬工材料（砖、石、混凝土）和钢筋混凝土等来建造。梁式桥以受弯为主；悬索桥以悬索为主要承重结构；刚架桥受力状态介于梁桥和拱桥之间。

3. 【答案】C

   【解析】刚架桥的主要承重结构是梁（或板）和立柱（或竖墙）整体结合在一起的刚架结构。梁和柱的连接处具有很大的刚性，在竖向荷载作用下，梁部主要受弯，而在柱脚处也具有水平反力，其受力状态介于梁桥和拱桥之间。

4. 【答案】ABCD

   【解析】桥梁按主要承重结构所用的材料来分，有圬工桥、钢筋混凝土桥、预应力混凝土桥、钢桥、钢—混凝土组合梁桥和木桥等。

5. 【答案】B

   【解析】桥台设在桥的两端，一边与路堤相接，以防止路堤滑塌，另一边则支承桥跨结构的端部。为保护桥台和路堤填土，桥台两侧常做锥形护坡、挡土墙等防护工程。

考点 2　桥梁结构施工通用施工技术

1. 【答案】C

   【解析】验算模板、支架和拱架的刚度时，结构表面外露的模板挠度不超过模板构件跨度的 1/400。

2. 【答案】BC

   【解析】缘石、人行道、栏杆、柱、梁板、拱等的侧模板荷载组合中，计算强度应考虑振捣混凝土时的荷载及新浇筑混凝土对侧模板的压力。

3. 【答案】AB

   【解析】模板、支架和拱架拆除应遵循"先支后拆、后支先拆"的原则。

4. 【答案】D

   【解析】钢筋的级别、种类和直径应按设计要求采用。当需要代换时，应由原设计单位做变更设计。

5. 【答案】C

   【解析】当普通混凝土中钢筋直径等于或小于 22mm 时，在无焊接条件时，可采用绑扎连接，但受拉构件中的主钢筋不得采用绑扎连接。

6. 【答案】D

   【解析】钢筋接头设置应符合下列规定：

   （1）在同一根钢筋上宜少设接头。

   （2）钢筋接头应设在受力较小区段，不宜位于构件的最大弯矩处。

   （3）在任一焊接或绑扎接头长度区段内，同一根钢筋不得有两个接头，在该区段内的受力钢筋，其接头的截面面积占总截面面积的百分率应符合规范规定。

   （4）接头末端至钢筋弯起点的距离不得小于钢筋直径的 10 倍。

   （5）施工中钢筋受力分不清受拉、受压的，按受拉处理。

   （6）钢筋接头部位横向净距不得小于钢筋直径，且不得小于 25mm。

7. 【答案】D

   【解析】钢筋骨架制作和组装应符合下列要求：

   （1）钢筋骨架的焊接应在坚固的工作台上进行。

   （2）组装时应按设计图纸放大样，放样时应考虑骨架预拱度。简支梁钢筋骨架预拱度应符合设计和规范规定。

   （3）组装时，在需要焊接的位置宜采用楔形卡卡紧，防止焊接时局部变形。

   （4）骨架接长焊接时，不同直径钢筋的中心线应在同一平面上。

8. 【答案】A

   【解析】钢筋骨架和钢筋网片的交叉点焊接宜采用电阻点焊。

9. 【答案】AC

   【解析】钢筋与钢板的T形连接，宜采用埋弧压力焊或电弧焊。

10. 【答案】A

【解析】对C60及其以上的高强度混凝土，当混凝土方量较少时，宜留取不少于10组的试件，采用标准差未知的统计方法评定混凝土强度。

11. 【答案】ABDE
【解析】配制高强度混凝土的矿物掺合料可选用优质粉煤灰、磨细矿渣粉、硅粉和磨细天然沸石粉。

12. 【答案】ABC
【解析】洒水养护的时间，采用硅酸盐水泥、普通硅酸盐水泥或矿渣硅酸盐水泥的混凝土，不应少于7d。掺用缓凝型外加剂或有抗渗等要求以及高强度的混凝土，不应少于14d。

13. 【答案】BCE
【解析】浇筑混凝土前，应检查模板、支架的承载力、刚度、稳定性。

14. 【答案】BE
【解析】浇筑混凝土时，应采用振动器振捣。振捣持续时间宜为20～30s，以混凝土不再沉落、不出现气泡、表面呈现浮浆为度。

15. 【答案】B
【解析】预应力筋进场时，除应对其质量证明文件、包装、标志和规格进行检查外，还须按规定进行检验。每批重量不得大于60t。

16. 【答案】D
【解析】预应力筋存放在室外时不得直接堆放在地面上，必须垫高、覆盖、防腐蚀、防雨露，时间不宜超过6个月。

17. 【答案】D
【解析】预应力筋宜使用砂轮锯或切断机切断，不得采用电弧切割。

18. 【答案】ACE
【解析】钢丝、钢绞线检验每批重量不得大于60t；对每批逐盘进行外形、尺寸和表面质量检查。再从每批中任取3盘，在每盘任一端取样作力学性能试验及其他试验。试验结果有一项不合格则该盘报废，并从

同批次未试验过的盘中取双倍数量的试样进行该不合格项的复验，如仍有一项不合格，应逐盘检验，合格者接收。

19. 【答案】A
【解析】预应力混凝土中严禁使用含氯化物的外加剂及引气剂或引气型减水剂。

20. 【答案】D
【解析】预应力筋采用应力控制方法张拉时，应以伸长值进行校核。

21. 【答案】D
【解析】管道应留压浆孔与溢浆孔，曲线孔道的波峰部位应留排气孔，在最低部位宜留排水孔。

22. 【答案】BCD
【解析】选项A错误，压浆过程中及压浆后48h内，结构混凝土的温度不得低于5℃，否则应采取保温措施。
选项E错误，在二类以上市政工程项目预制场内进行后张法预应力构件施工不得使用非数控管道压浆设备。

第二节　城市桥梁下部结构施工

考点 1　各种围堰施工要求

1. 【答案】D
【解析】土袋围堰适用于水深不大于3.0m，流速不大于1.5m/s，河床渗水性较小，或淤泥较浅的条件。堆石土围堰适用于河床渗水性很小，流速不大于3.0m/s，石块能就地取材的条件。钢板桩围堰适用于深水或深基坑，流速较大的砂类土、黏性土、碎石土及风化岩等坚硬河床。双壁围堰适用于大型河流的深水基础，覆盖层较薄、平坦的岩石河床。

2. 【答案】D
【解析】钢板桩围堰适用于深水或深基坑，流速较大的砂类土、黏性土、碎石土及风化岩等坚硬河床。有大漂石及坚硬岩石的河床不宜使用钢板桩围堰。

3. 【答案】B
【解析】钢筋混凝土板桩围堰适用于深水或

深基坑,流速较大的砂类土、黏性土、碎石土河床。除用于挡水防水外还可作为基础结构的一部分,亦可采取拔除周转使用,能节约大量木材。

4. 【答案】ACD
【解析】钢筋混凝土板桩围堰适用于深水或深基坑,流速较大的砂类土、黏性土、碎石土河床。

5. 【答案】A
【解析】土围堰堰顶宽度可为1~2m,机械挖基时不宜小于3.0m;堰外边坡迎水一侧坡度宜为1:2~1:3,背水一侧可在1:2之内。堰内边坡宜为1:1~1:1.5;内坡脚与基坑边的距离不得小于1.0m。

6. 【答案】C
【解析】钢板桩围堰施打顺序一般从上游向下游合龙。

7. 【答案】C
【解析】套箱围堰施工要求:
(1) 无底套箱用木板、钢板或钢丝网水泥制作,内设木、钢支撑。套箱可制成整体式或装配式。
(2) 制作中应防止套箱接缝漏水,选项C错误。
(3) 下沉套箱前,应清理河床。若套箱设置在岩层上时,应整平岩面。当岩面有坡度时,套箱底的倾斜度应与岩面相同,以增加稳定性并减少渗漏。

考点 2　桩基础施工方法与设备选择

1. 【答案】C
【解析】选项C错误,沉桩顺序:对于密集桩群,自中间向两端(两个方向)或四周对称施打;根据基础的设计标高,宜先深后浅;根据桩的规格,宜先大后小、先长后短。

2. 【答案】D
【解析】钻孔埋桩宜用于黏土、砂土、碎石土且河床覆土较厚的情况。

3. 【答案】C

【解析】沉桩的准备工作:
(1) 沉桩前应掌握工程地质钻探资料、水文资料和打桩资料。
(2) 沉桩前必须处理地上(下)障碍物,平整场地,地面承载力应满足沉桩需求。
(3) 应根据现场环境状况采取降低噪声措施;城区、居民区等人员密集的场所不应进行沉桩施工,选项C错误。
(4) 对地质复杂的大桥、特大桥,为检验桩的承载能力和确定沉桩工艺应进行试桩。
(5) 贯入度应通过试桩或做沉桩试验后会同监理及设计单位研究确定。
(6) 用于地下水有侵蚀性的地区或腐蚀性土层的钢桩应按照设计要求做好防腐处理。

4. 【答案】A
【解析】贯入度应通过试桩或做沉桩试验后会同监理及设计单位研究确定。桩端标高、桩身强度、承载能力是设计单位确定的。

5. 【答案】C
【解析】桩顶混凝土浇筑完成后应高出设计高程0.5~1m,确保桩头浮浆层凿除后桩基面混凝土达到设计强度。

6. 【答案】B
【解析】开始灌注水下混凝土时,导管底部至孔底的距离宜为300~500mm;导管首次埋入混凝土灌注面以下不应少于1.0m;在灌注过程中,导管埋入混凝土深度宜为2.0~6.0m。

7. 【答案】C
【解析】混凝土配合比应通过试验确定,须具备良好的和易性,坍落度宜为180~220mm,选项C正确。

8. 【答案】ABCE
【解析】正、反循环钻孔施工要点:
(1) 泥浆护壁成孔时,根据泥浆补给情况控制钻进速度,保持钻机稳定。
(2) 钻进过程中如发生斜孔、塌孔和护筒周围冒浆、失稳等现象时,应先停钻,待采取相应措施后再进行钻进。
(3) 钻孔达到设计深度,灌注混凝土之前,孔底沉渣厚度应符合设计要求。设计未要求时，端承型桩的沉渣厚度不应大于50mm。摩擦型桩的桩径不大于1.5m时，沉渣厚度小于等于200mm；桩径大于1.5m或桩长大于40m或土质较差时，沉渣厚度不应大于300mm。

考点 3　墩台、盖梁施工技术

1. 【答案】A

【解析】承台施工技术要点：

(1) 承台施工前应检查基桩位置，确认符合设计要求，如偏差超过检验标准，应会同设计、监理工程师制定措施，实施后方可施工。

(2) 在基坑无水情况下浇筑钢筋混凝土承台，如设计无要求，基底应浇筑100mm厚混凝土垫层。

(3) 在基坑有渗水情况下浇筑钢筋混凝土承台，应有排水措施，基坑不得积水。如设计无要求，基底可铺100mm厚碎石，并浇筑50～100mm厚混凝土垫层。

(4) 承台混凝土宜连续浇筑成型。分层浇筑时，接缝应按施工缝处理。

(5) 水中高桩承台采用套箱法施工时，套箱应架设在可靠的支承上，并具有足够的强度、刚度和稳定性。套箱顶面高程应高于施工期间的最高水位。

2. 【答案】B

【解析】桥台混凝土分块浇筑时，接缝应与桥台截面尺寸较小的一边平行，邻层分块接缝应错开，接缝宜做成企口形。分块数量：桥台水平截面积在200m²内不得超过2块；在300m²以内不得超过3块。每块面积不得小于50m²。

3. 【答案】C

【解析】柱式桥墩施工时，模板、支架除应满足强度、刚度要求外，稳定计算中应考虑风力影响。

4. 【答案】A

【解析】桥梁的钢管混凝土墩柱应采用补偿收缩混凝土，一次连续浇筑完成。

5. 【答案】ABCD

【解析】柱式桥墩施工技术要求：

(1) 墩柱与承台基础接触面应凿毛处理，清除钢筋污锈。浇筑墩柱混凝土时，应铺同强度配合比的水泥砂浆一层。墩台柱的混凝土宜一次连续浇筑完成。

(2) 柱身高度内有系梁连接时，系梁应与柱同步浇筑。V形墩柱混凝土应对称浇筑。

(3) 采用预制混凝土管做柱身外模时，管节接缝应采用水泥砂浆等材料密封。

6. 【答案】ABDE

【解析】重力式砌体桥墩、桥台施工要求：

(1) 桥墩、桥台砌筑前，应清理基础，保持洁净，并测量放线，设置线杆。

(2) 桥墩、桥台砌体应采用坐浆法分层砌筑，竖缝均应错开，不得贯通。

(3) 砌筑桥墩、桥台镶面石应从曲线部分或角部开始。

(4) 桥墩分水体镶面石的抗压强度不得低于设计要求。

(5) 砌筑的石料和混凝土预制块应清洗干净，保持湿润。

第三节　桥梁支座施工

考点 1　支座类型

1. 【答案】A

【解析】桥梁支座的分类：

(1) 按支座变形可能性分类：固定支座、单向活动支座、多向活动支座。

(2) 按支座所用材料分类：钢支座、聚四氟乙烯支座（滑动支座）、橡胶支座（板式、盆式）等。

(3) 按支座的结构形式分类：弧形支座、摇轴支座、辊轴支座、橡胶支座、球形钢支座、拉压支座等。

2. 【答案】D

【解析】桥梁支座是连接桥梁上部结构和下部结构的重要结构部件，位于桥跨结构和垫石之间，它能将桥梁上部结构承受的荷载和变形（位移和转角）可靠地传递给桥梁下部结构，是桥梁的重要传力装置。桥梁支座的功能要求：首先支座必须具有足够的承载能力，以保证可靠地传递支座反力（竖向力和水平力）；其次支座对桥梁变形的约束尽可能小，以适应梁体自由伸缩和转动的需要；另外支座还应便于安装、养护和维修，必要时可以进行更换。

考点 2 支座施工技术

1. 【答案】B

   【解析】检查活动支座时，不得损伤改性聚四氟乙烯板和不锈钢冷轧钢板，同时检查凹槽内是否已注满硅脂。

2. 【答案】ABCE

   【解析】支座施工一般要求：

   （1）墩台帽、盖梁上的支座垫石和挡块宜二次浇筑，应对其平面位置、顶面高程、平整度、预留地脚螺栓孔和预埋钢垫板等的准确性进行复核检查。垫石混凝土的强度必须符合设计要求。

   （2）当实际支座安装温度与设计要求不同时，应通过计算设置支座顺桥方向的预偏量。

   （3）支座安装平面位置和顶面高程必须正确，不得偏斜、脱空、不均匀受力。

   （4）活动支座安装前应采用丙酮或酒精解体清洗其各相对滑移面，擦净后在聚四氟乙烯板顶面凹槽内满注硅脂。重新组装时应保持精度。

3. 【答案】B

   【解析】选项A正确，当实际支座安装温度与设计要求不同时，应通过计算设置支座顺桥方向的预偏量。

   选项地B错误，墩台帽、盖梁上的支座垫石和挡块宜二次浇筑，确保其高程和位置的准确。

   选项C正确，板式橡胶支座安装前应将垫石顶面清理干净，采用干硬性水泥砂浆抹平，顶面标高应符合设计要求。

   选项D正确，梁、板安放时应位置准确，且与支座密贴。

第四节　城市桥梁上部结构施工

考点 1 装配式桥梁施工技术

1. 【答案】C

   【解析】装配式梁（板）架设方法有起重机架梁法、跨墩龙门吊架梁法和穿巷式架桥机架梁法。

2. 【答案】B

   【解析】吊运方案应对各受力部分的设备、杆件进行验算，特别是吊车等机具的安全性验算，起吊过程中构件内产生的应力验算必须符合要求。梁长25m以上的预应力简支梁应验算裸梁的稳定性。

3. 【答案】C

   【解析】后张法预应力混凝土构件吊装时，其孔道水泥浆的强度不应低于构件设计要求，如设计无要求时，一般不低于30MPa。

4. 【答案】B

   【解析】选项A错误，腹板底部为扩大断面的T形梁，应先浇筑扩大部分并振实后，再浇筑其上部腹板。

   选项C错误，吊装时构件的吊环应顺直，吊绳与起吊构件的交角小于60°时，应设置吊架或起吊扁担，使吊环垂直受力。

   选项D错误，禁止使用橡胶充气气囊作为空心梁板或箱形梁的内模。

5. 【答案】B

   【解析】选项A错误，预制梁支点处应采用垫木和其他适宜的材料支承，不得将构件直接支承在坚硬的存放台座上。

   选项B正确，构件应按其安装的先后顺序编号存放。

   选项C错误，多层叠放时，上下层垫木应在同一条竖直线上。

   选项D错误，预应力混凝土梁、板的存放时间不宜超过3个月，特殊情况下不应超过5个月。

6. 【答案】BE

【解析】先简支后连续梁安装的技术规范：
(1) 临时支座顶面的相对高差不应大于2mm。
(2) 施工程序应符合设计要求，应在一联梁全部安装完成后再浇筑湿接头混凝土。
(3) 对湿接头处的梁端，应按施工缝的要求进行凿毛处理。永久支座应在设置湿接头底模之前安装。湿接头处的模板应具有足够的强度和刚度，与梁体的接触面应密贴并具有一定的搭接长度，各接缝应严密、不漏浆。负弯矩区的预应力管道应连接平顺，与梁体预留管道的接合处应密封；预应力锚固区预留的张拉齿板应保证其外形尺寸准确且不被损坏。
(4) 湿接头的混凝土宜在一天中气温相对较低的时段浇筑，且一联中的全部湿接头应一次浇筑完成。湿接头混凝土的养护时间应不少于14d。
(5) 湿接头应按设计要求施加预应力、孔道压浆；浆体达到强度后应立即拆除临时支座，按设计要求的程序完成体系转换。同一片梁的临时支座应同时拆除。
(6) 仅为桥面连续的梁、板，应按设计要求进行施工。

考点 2 现浇预应力（钢筋）混凝土连续梁施工技术

1. 【答案】D
【解析】浇筑分段工作缝，必须设在弯矩零点附近。

2. 【答案】ABE
【解析】支架法现浇预应力混凝土连续梁施工要求：
(1) 支架的地基承载力应符合要求，必要时，应采取加固处理或其他措施。
(2) 应有简便可行的落架拆模措施。
(3) 各种支架和模板安装后，宜采取预压方法消除拼装间隙和地基沉降等非弹性变形。
(4) 安装支架时，应根据支架的弹性、非弹性变形，设置预拱度。

(5) 支架底部应有良好的排水措施，不得被水浸泡。
(6) 浇筑混凝土时，应采取防止支架不均匀下沉的措施。
(7) 支架施工前，应编制专项施工方案，按规定审批程序报批，经批准后方可实施，施工中需修改或补充时，应履行原审批程序。

3. 【答案】B
【解析】挂篮组装后，应全面检查安装质量，并应按设计荷载做载重试验，以消除非弹性变形。

4. 【答案】A
【解析】悬臂浇筑混凝土时，宜从悬臂前端开始，最后与前段混凝土连接。预应力混凝土连续梁合龙顺序一般是先边跨、后次跨、最后中跨。合龙段的混凝土强度宜提高一级，以尽早施加预应力。桥墩两侧梁段悬臂施工应对称、平衡。连续梁的梁跨体系转换，应在合龙段及全部纵向连续预应力筋张拉、压浆完成，并解除各墩临时固结后进行。

5. 【答案】C
【解析】预应力混凝土连续梁合龙顺序一般是先边跨、后次跨、最后中跨。连续梁（T构）的合龙、体系转换和支座反力调整应符合下列规定：
(1) 合龙段的长度宜为2m。
(2) 合龙前应观测气温变化与梁端高程及悬臂端间距的关系。
(3) 合龙前应按设计规定，将两悬臂端合龙口予以临时连接，并将合龙跨一侧墩的临时锚固放松或改成活动支座。
(4) 合龙前，在两端悬臂预加压重，并于浇筑混凝土过程中逐步撤除，以使悬臂端挠度保持稳定。
(5) 合龙宜在一天中气温最低时进行。
(6) 合龙段的混凝土强度宜提高一级，以尽早施加预应力。
(7) 连续梁的梁跨体系转换，应在合龙段及全部纵向连续预应力筋张拉、压浆完成，并解除各墩临时固结后进行。

(8) 梁跨体系转换时，支座反力的调整应以高程控制为主，反力作为校核。

(9) 梁墩临时锚固的放松，应均衡对称进行，逐渐均匀释放。在放松过程中，应注意各梁段的高程变化。

6. 【答案】ABC

【解析】预应力混凝土连续梁，悬臂浇筑段前端底板和桥面高程的确定是连续梁施工的关键问题之一，确定悬臂浇筑段前端标高时应考虑：

(1) 挂篮前端的垂直变形值。

(2) 预拱度设置。

(3) 施工中已浇段的实际标高。

(4) 温度影响。

因此，施工过程中的监测项目为前三项。必要时，结构物的变形值、应力也应进行监测，保证结构的强度和稳定。

考点 3　钢梁施工技术

1. 【答案】ABE

【解析】钢梁安装要点：高强度螺栓穿入孔内应顺畅，不得强行敲入。穿入方向应全桥一致。施拧顺序为从板束刚度大、缝隙大处开始，由中央向外拧紧，并应在当天终拧完毕。施拧时，不得采用冲击拧紧和间断拧紧。高强度螺栓终拧完毕必须当班检查。

2. 【答案】D

【解析】选项A错误，钢梁出厂前必须进行试拼装，并应按设计和有关规范的要求验收。

选项B错误，钢梁安装过程中，每完成一节段应测量其位置、标高和预拱度，不符合要求应及时校正。

选项C错误，高强度螺栓穿入孔内应顺畅，不得强行敲入。施拧时，不得采用冲击拧紧和间断拧紧。

3. 【答案】C

【解析】钢梁构件工地焊缝连接，应按设计顺序进行。无设计顺序时，焊接顺序宜为纵

向从跨中向两端、横向从中线向两侧对称进行，且符合《城市桥梁工程施工与质量规范》(CJJ 2—2008) 的规定。

考点 4　钢—混凝土组合梁施工技术

1. 【答案】AC

【解析】钢—混凝土组合梁结构适用于城市大跨径或较大跨径的桥梁工程，目的是减轻桥梁结构自重，尽量减少施工对现况交通与周边环境的影响。

2. 【答案】ABC

【解析】钢—混凝土组合梁现浇混凝土结构宜采用缓凝、早强、补偿收缩性混凝土。

3. 【答案】C

【解析】钢—混凝土组合梁一般由钢梁和钢筋混凝土桥面板两部分组成。钢梁由工字形截面或槽形截面构成，钢梁之间设横梁（横隔梁），钢梁上浇筑预应力钢筋混凝土。在钢梁与钢筋混凝土板之间设传剪器，二者共同工作。

4. 【答案】ACDE

【解析】浇筑混凝土前，应对钢主梁的安装位置、高程、纵横向连接及施工支架进行检查验收，各项均应达到设计要求或施工方案要求。

5. 【答案】D

【解析】选项D错误，混凝土桥面结构应全断面连续浇筑，浇筑顺序为顺桥向应自跨中开始向支点处交汇，或由一端开始浇筑；横桥向应先由中间开始向两侧扩展。

第五节　桥梁桥面系及附属结构施工

考点 1　桥面系施工

1. 【答案】C

【解析】基层混凝土强度应达到设计强度的80%以上，方可进行防水层施工。

2. 【答案】C

【解析】选项A错误，防水涂料配料时，不得掺加结块的涂料。

选项B错误，防水涂料第一遍涂刷完成后应

保障固化时间,再涂布第二遍涂料。

选项D错误,防水涂料施工应先做好节点处理,再进行大面积涂布。

3.【答案】ACD

【解析】选项A错误,基层混凝土强度应达到设计强度的80%以上,方可进行防水层施工。

选项B正确,基层混凝土表面粗糙度处理宜采用抛丸打磨。

选项C错误,喷涂基层处理剂前,应采用毛刷对桥面排水口、转角等处先行涂刷,然后再进行大面积基层面的喷涂。

选项D错误,选项E正确,基层处理剂可采用喷涂法或刷涂法施工,喷涂应均匀、覆盖完全,待其干燥后应及时进行防水层施工。

4.【答案】A

【解析】选项A错误,铺装层厚度不宜小于80mm,粒料宜与桥头引道上的沥青面层一致。

5.【答案】ACDE

【解析】桥梁伸缩装置按传力方式和构造特点可分为对接式、钢制支承式、组合剪切式(板式)、模数支承式以及弹性装置。

6.【答案】B

【解析】选项A错误,栏杆和防撞、隔离设施应在桥梁上部结构混凝土的浇筑支架卸落后进行对称施工。

选项C错误,在设置伸缩缝处,栏杆应断开。

选项D错误,防撞墩必须与桥面混凝土预埋件、预埋筋连接牢固,并应在施作桥面防水层前完成。

考点 2　桥梁附属结构施工

【答案】B

【解析】选项B错误,防眩板安装应与桥梁线形一致,防眩板的荧光标识面应迎向行车方向。

第六节　管涵和箱涵施工

考点 1　管涵施工技术

1.【答案】ABCD

【解析】管涵通常采用工厂预制钢筋混凝土管的成品管节,管节断面形式分为圆形、椭圆形、卵形、矩形等。

2.【答案】B

【解析】当管涵设计为混凝土或砌体基础时,基础上面应设混凝土管座,其顶部弧形面应与管身紧密贴合,使管节均匀受力。管座混凝土不用加钢筋,选项B错误。

3.【答案】A

【解析】拱形涵、盖板涵施工遇有地下水时,应先将地下水降至基底以下500mm方可施工,且降水应连续进行,直至工程完成到地下水位500mm以上且具有抗浮及防渗漏能力方可停止降水。

4.【答案】B

【解析】拱形涵拱圈和拱上端墙应由两侧向中间同时、对称施工。

5.【答案】D

【解析】涵洞两侧的回填土,应在主结构防水层的保护层完成,且保护层砌筑砂浆强度达到3.0MPa后方可进行。回填时,两侧应对称进行,高差不宜超过300mm。

考点 2　箱涵顶进施工技术

1.【答案】B

【解析】箱涵顶进时,根据桥涵的净空尺寸、土质情况,可采取人工挖土或机械挖土。一般宜选用小型反铲挖掘机按侧刃脚坡度自上往下开挖,每次开挖进尺宜为0.5m;当土质较差时,可按千斤顶的有效行程掘进,随挖随顶,防止路基塌方,配装载机或直接用挖掘机装汽车出土。

2.【答案】C

【解析】箱涵顶进启动时,当顶力达到0.8倍结构自重时箱涵未启动,应立即停止顶进;找出原因采取措施解决后方可重新加压顶进。

3. 【答案】BC

【解析】箱涵身每前进一顶程，应观测轴线和高程，发现偏差及时纠正。

4. 【答案】ABCE

【解析】箱涵顶进前检查工作：
(1) 箱涵主体结构混凝土强度必须达到设计强度，防水层及保护层按设计完成。
(2) 顶进作业面地下水位已降至基底下500mm以下，并宜避开雨期施工；若在雨期施工，必须做好防洪及防雨排水工作。
(3) 后背施工、线路加固达到施工方案要求；顶进设备及施工机具符合要求。
(4) 顶进设备液压系统安装及预顶试验结果符合要求。
(5) 工作坑内与顶进无关人员、材料、物品及设施撤出现场。
(6) 所穿越的线路管理部门的配合人员、抢修设备、通信器材准备完毕。
侧墙刃脚切土是在顶进挖土过程中进行，不属于箱涵顶进前检查的工作。

5. 【答案】ACD

【解析】箱涵顶进工艺流程：现场调查→工程降水→工作坑开挖→后背制作→滑板制作→铺设润滑隔离层→箱涵制作→顶进设备安装→既有线加固→箱涵试顶进→吃土顶进→监测→箱体就位→拆除加固设施→拆除后背及顶进设备→工作坑恢复。

第七节　城市桥梁工程安全质量控制

考点 1　城市桥梁工程安全技术控制要点

1. 【答案】B

【解析】混凝土桩制作：钢筋加工场应符合施工平面布置图的要求，场地采取硬化措施，钢筋码放时，应采取防止锈蚀和污染的措施，标识标牌齐全；整捆码垛高度不宜超过2m，散捆码垛高度不宜超过1.2m。加工成型的钢筋笼、钢筋网和钢筋骨架等应水平放置，码放高度不得超过2m，码放层数不宜超过3层。

2. 【答案】ACDE

【解析】选项B错误，剪切、冲裁作业时，应根据钢板的尺寸和质量确定吊具和操作人数，不得将数层钢板叠在一起剪切和冲裁；操作人员双手距刃口或冲模应保持20cm以上的距离，不得将手置于压紧装置或待压工件的下部，送料时必须在剪刀、冲刀停止动作后作业。

3. 【答案】ABDE

【解析】箱涵顶进施工安全措施：
(1) 施工现场（工作坑、顶进作业区）及路基附近不得积水浸泡。
(2) 应按规定设立施工现场围挡，有明显的警示标志，隔离施工现场和社会活动区，实行封闭管理，严禁非施工人员入内。
(3) 在列车运行间隙或避开交通高峰期开挖和顶进；列车通过时，严禁挖土作业，人员应撤离开挖面。
(4) 箱涵顶进过程中，任何人不得在顶铁、顶柱布置区内停留。
(5) 箱涵顶进过程中，当液压系统发生故障时，严禁在工作状态下检查和调整。
(6) 现场施工必须设专人统一指挥和调度。

4. 【答案】B

【解析】钻孔应连续作业。相邻桩之间净距小于5m时，邻桩混凝土强度达5MPa后，方可进行钻孔施工；或间隔钻孔施工。

5. 【答案】D

【解析】高压线线路与钻机的安全距离见下表。

电压	1kV以下	1~10kV	35~110kV
安全距离/m	4	6	8

6. 【答案】ADE

【解析】脚手架搭设要求：
(1) 脚手架应按规定采用连接件与构筑物相连接，使用期间不得拆除；脚手架不得与模板支架相连接。
(2) 作业平台上的脚手板必须在脚手架的宽度范围内铺满、铺稳。作业平台下应设置水平安全网或脚手架防护层,防止高空物体坠落造成伤害。

(3) 严禁在脚手架上架设混凝土泵等设备。

(4) 脚手架支搭完成后应与模板、支架和拱架一起进行检查验收,形成文件后,方可交付使用。

考点 2　城市桥梁工程质量控制要点

1. 【答案】ACDE

【解析】孔底沉渣控制:

(1) 要选择合适的钻孔机具及钻孔方式,控制钻进时的转速和钻压,使成孔的泥、砂、沉渣能随泥浆排出。

(2) 根据钻进过程中土层情况配备合适的泥浆指标,主要有密度、黏度、含砂率和胶体率。

(3) 确保清孔彻底、充分,成孔至设计标高后进行第一次清孔,在混凝土灌注前进行第二次清孔。根据不同的钻孔方法、施工设备、设计要求和地层条件,合理选用清孔方法。常用的有抽浆法、换浆法、掏渣法、喷射法等。

(4) 准确测定沉渣厚度,沉渣厚度=终孔深度一清孔后深度,终孔深度采用丈量钻杆长度的方法测定。

(5) 确保水下灌注混凝土的首灌量,首灌量根据孔径、孔深、泥浆浓度、导管直径、导管底端至孔底的距离等要素计算确定。

2. 【答案】B

【解析】压浆与封锚:

(1) 张拉后,应及时进行孔道压浆,宜采用真空辅助法压浆,并使孔道真空负压稳定保持在 0.08~0.1MPa。

(2) 压浆时排气孔、排水孔应有水泥浓浆溢出。应从检查孔抽查压浆的密实情况,如有不实,应及时处理。

(3) 孔道灌浆应填写灌浆记录。

(4) 压浆后应及时浇筑封锚混凝土。封锚混凝土的强度应符合设计要求,不宜低于结构混凝土强度等级的 80%,且不得低于 30MPa。

3. 【答案】A

【解析】塌孔与缩径产生的原因基本相同,主要是地层复杂、钻进速度过快、护壁泥浆性能差、成孔后放置时间过长没有灌注混凝土等原因所致,可采取相应措施防止塌孔与缩径。

4. 【答案】A

【解析】大体积混凝土构筑物裂缝发生原因:

(1) 水泥水化热影响。

(2) 内外约束条件的影响。

(3) 外界气温变化的影响。

(4) 混凝土的收缩变形。

(5) 混凝土的沉陷裂缝。

5. 【答案】A

【解析】大体积混凝土出现的裂缝按深度的不同,分为表面裂缝、深层裂缝及贯穿裂缝三种:

(1) 表面裂缝主要是温度裂缝,一般危害性较小,但影响外观质量。

(2) 深层裂缝部分地切断了结构断面,对结构耐久性产生一定危害。

(3) 贯穿裂缝是由混凝土表面裂缝发展为深层裂缝,最终形成贯穿裂缝;它切断了结构的断面,可能破坏结构的整体性和稳定性,危害性较为严重。

6. 【答案】BCDE

【解析】大体积混凝土构筑物裂缝发生原因:

(1) 水泥水化热的影响。

(2) 内外约束条件的影响。

(3) 外界气温变化的影响。

(4) 混凝土的收缩变形。

(5) 混凝土的沉陷裂缝。

7. 【答案】ACE

【解析】选项 A 正确,大体积混凝土因其水泥水化热的大量积聚,易使混凝土内外形成较大的温差,而产生温差应力,因此应选用水化热较低的水泥,以降低水泥水化所产生的热量,从而控制大体积混凝土的温度升高。

选项B错误，充分利用混凝土的中后期强度，尽可能降低水泥用量。

选项C正确，分层浇筑混凝土，利用浇筑面散热，以大大减少施工中出现裂缝的可能性。大体积混凝土的养护，不仅要满足强度增长的需要，还应通过温度控制，防止因温度变化引起混凝土开裂。

选项D错误，控制好混凝土坍落度，不宜大于180mm。

选项E正确，采用内部降温法来降低混凝土内外温差。内部降温法是在混凝土内部预埋水管，通入冷却水，降低混凝土内部最高温度。冷却在混凝土刚浇筑完时就开始进行，可以有效控制混凝土开裂。

8.【答案】ABD

【解析】大体积混凝土在施工阶段的混凝土内部温度是由水泥水化热引起的绝热温度、浇筑温度和散热温度三者的叠加。

9.【答案】C

【解析】选项C错误，整体分层连续浇筑或推移式连续浇筑，应缩短间歇时间，并应在前层混凝土初凝之前将次层混凝土浇筑完毕。

考点 3 城市桥梁工程季节性施工措施

【答案】ABCE

【解析】选项D错误，冬期混凝土宜选用较小的水胶比和较小的坍落度。

第三章 城市隧道工程
第一节 施工方法与结构形式

考点 1 城市隧道工程施工方法

1.【答案】ABD

【解析】十八字方针：管超前、严注浆、短开挖、强支护、快封闭、勤量测。

2.【答案】ACD

【解析】选项B错误，钻爆法是通过钻孔装药爆破开挖进行施工的一种方法，而非TBM掘进。

选项E错误，在浅埋条件下修建地下工程，以改造地层条件为前提，以控制地表沉降为重点。

考点 2 城市隧道工程结构形式

1.【答案】B

【解析】采用浅埋暗挖法修建的城市隧道，一般采用复合式衬砌结构形式，主要包括初期支护、防水层和二次衬砌三部分。一般采用拱形或马蹄形结构，其基本断面形式以单拱为多，也有双拱和多跨连拱形式。

2.【答案】B

【解析】明挖法施工的地铁区间隧道结构通常采用矩形断面。

3.【答案】A

【解析】本题考查的是城市隧道工程施工方法。采用浅埋暗挖法（矿山法）修建的城市隧道，一般采用复合式衬砌结构形式，主要包括初期支护、防水层和二次衬砌三部分。一般采用拱形或马蹄形结构，其基本断面形式以单拱为多，也有双拱和多跨连拱形式。

第二节 地下水控制

考点 1 地下水控制方法

1.【答案】ACD

【解析】隔水帷幕按布置方式可分为悬挂式竖向隔水帷幕、落底式竖向隔水帷幕、水平向隔水帷幕。选项B、E属于按结构形式分类。

2.【答案】B

【解析】隔水帷幕施工方法包括高压喷射注浆法、注浆法、水泥土搅拌法、冻结法、地下连续墙、咬合式排桩、钢板桩、沉箱等。压实法不是隔水帷幕施工的方法。

3.【答案】B

【解析】管井法适用于砂性土和粉土，渗透系数>1，且降水深度不限，因此适合本题描述的情况。

4.【答案】D

【解析】回灌是将水引渗于地下含水层，补

给地下水，稳定地下水位，防止地下水位降低使土体固结产生不均匀沉降的工程措施，回灌应进行专业设计，且应符合下列要求：
(1) 降水工程影响周边工程环境安全时可进行地下水回灌。
(2) 地下水回灌宜采用井灌法，具体回灌方法可采用管井回灌、大口井回灌。
(3) 地下水回灌方式包括重力回灌、真空回灌、压力回灌。
(4) 回灌宜首选同层地下水回灌，当非同层回灌时，回灌水源的水质不应低于回灌目标含水层地下水的水质，当回灌目标含水层与饮用地下水联系较紧密时，回灌水源的水质应达到饮用水的标准。
(5) 地下水回灌应采取有效措施，防止恶化地下水水质。

考点 2　地下水控制施工技术

1. 【答案】D
   【解析】当真空井点孔口至设计降水水位的深度不超过6.0m时，宜采用单级真空井点；当大于6.0m且场地条件允许时，可采用多级真空井点降水，多级井点上下级高差宜取4.0～5.0m，选项D错误。井点间距宜为0.8～2.0m。距开挖上口线的距离不应小于1.0m；集水总管宜沿抽水水流方向布设，坡度宜为0.25%～0.50%。

2. 【答案】D
   【解析】选项A错误，明沟宜布置在拟建工程基础边0.4m以外。
   选项B错误，集水井底面应比沟底面低0.5m以上。
   选项C错误，集水明排设施与市政管网连接口之间应当设置沉淀池。
   选项D正确，当基坑开挖的土层由多种土组成，中部夹有透水性强的砂类土，基坑侧壁出现渗水时，可在基坑边坡上透水处分别设置明沟和集水井构成集水明排系统，分层阻截和排除上部土层中的地下水，避免上层地下水冲刷基坑下部造成边坡塌方。

3. 【答案】B
   【解析】选项B错误，线状、条状降水工程，降水井宜采用单排或双排布置，两端应外延布置降水井，外延长度为条状或线状降水井点围合区域宽度的1～2倍。

第三节　明挖法施工

考点 1　基坑支护施工

1. 【答案】D
   【解析】按是否设置分级过渡平台，边坡可分为一级放坡和分级放坡两种形式。在场地土质较好、基坑周围具备放坡条件、不影响相邻建筑物的安全及正常使用的情况下，宜采用全深度放坡或部分深度放坡。而在分级放坡时，宜设置分级过渡平台。分级过渡平台的宽度应根据土（岩）质条件、放坡高度及施工场地条件确定，对于岩石边坡不宜小于0.5m，对于土质边坡不宜小于1.0m。下级放坡坡度宜缓于上级放坡坡度。

2. 【答案】B
   【解析】基坑边坡稳定控制措施：
   (1) 根据土层的物理力学性质及边坡高度确定基坑边坡坡度，并于不同土层处做成折线形边坡或留置台阶。
   (2) 施工时应严格按照设计坡度进行边坡开挖，不得挖反坡。
   (3) 在基坑周围影响边坡稳定的范围内，应对地面采取防水、排水、截水等防护措施，防止雨水等地面水浸入土体，保持基底和边坡的干燥。
   (4) 严格禁止在基坑边坡坡顶较近范围堆放材料、上方和其他重物以及停放或行驶较大的施工机械。
   (5) 对于土质边坡或易于软化的岩质边坡，在开挖时应及时采取相应的排水和坡脚、坡面防护措施。
   (6) 在整个基坑开挖和地下工程施工期间，应严密监测坡顶位移，随时分析监测数据。当边坡有失稳迹象时，应及时采取削坡、坡顶卸荷、坡脚压载或其他有效措施。

3. 【答案】BD
【解析】基坑周围地层移动通常由围护结构的水平位移和坑底土体隆起造成的。

4. 【答案】BCDE
【解析】在地基处理中，按注浆方法所依据的理论主要可分为渗透注浆、劈裂注浆、压密注浆和电动化学注浆四类。

5. 【答案】C
【解析】压密注浆常用于中砂地基，黏土地基中若有适宜的排水条件也可采用。如遇排水困难而可能在土体中引起高孔隙水压力时，就必须采用很低的注浆速率。压密注浆可用于非饱和的土体，以调整不均匀沉降以及在大开挖或隧道开挖时对邻近土进行加固。

6. 【答案】ABDE
【解析】水泥土搅拌法加固软土技术具有其独特优点：最大限度地利用了原土；搅拌时无振动、无噪声和无污染，可在密集建筑群中进行施工，对周围原有建筑物及地下管线影响很小；根据上部结构的需要，可灵活地采用柱状、壁状、格栅状和块状等加固形式；与钢筋混凝土桩基相比，可节约钢材并降低造价。

7. 【答案】B
【解析】高压喷射注浆方法：
(1) 单管法，喷射高压水泥浆液一种介质。
(2) 双管法，喷射高压水泥浆液和压缩空气两种介质。
(3) 三管法，喷射高压水流、压缩空气及水泥浆液三种介质。

8. 【答案】BE
【解析】钢板桩采用成品制作，可反复使用。SMW工法桩内插的型钢可拔出反复使用，经济性好。

9. 【答案】C
【解析】常用钢筋混凝土板桩截面的形式有四种：矩形、T形、工字形及口字形。矩形截面板桩制作较方便，桩间采用槽榫接合方式，接缝效果较好，是使用最多的一种形式。

10. 【答案】ABE
【解析】当地下连续墙作为主体地下结构外墙，且需要形成整体墙时，宜采用刚性接头；刚性接头可采用一字形或十字形穿孔钢板接头、钢筋承插式接头等。在采取地下连续墙墙顶设置通长冠梁、墙壁内侧槽段接缝位置设置结构壁柱、基础底板与地下连续墙刚性连接等措施时，也可采用柔性接头。

11. 【答案】BCD
【解析】地下连续墙有如下优点：施工时振动小、噪声低，墙体刚度大，对周边地层扰动小；可适用于多种土层，除夹有孤石、大颗粒卵砾石等局部障碍物时影响成槽效率外，对黏性土、无黏性土、卵砾石层等各种地层均能高效成槽。

12. 【答案】ABE
【解析】重力式水泥土墙无支撑，墙体止水性好，造价低，墙体变位大。采用格栅形式时的面积转换率：在一般黏性土、砂土中不宜小于0.6，淤泥质土中不宜小于0.7，淤泥中不宜小于0.8。杆筋插入深度宜大于基坑深度，并应锚入面板内。28d无侧限抗压强度不宜小于0.8MPa。面板厚度不宜小于150mm，混凝土强度等级不宜低于C20。

13. 【答案】C
【解析】基坑围护方法有内支撑和外拉锚两种形式，支撑结构挡土的应力传递路径是围护（桩）墙→围檩（冠梁）→支撑。

14. 【答案】ABCE
【解析】控制基坑变形的主要方法有：
(1) 增加围护结构和支撑的刚度。
(2) 增加围护结构的入土深度。
(3) 加固基坑内被动土压区土体。加固方法有抽条加固、裙边加固及二者相结合的形式。
(4) 减小每次开挖围护结构处土体的尺寸和开挖后未及时支撑的暴露时间，这一点在软土地区施工时尤其有效,选项D错误。

(5) 通过调整围护结构深度和降水井布置来控制降水对环境变形的影响。

15. 【答案】ABCD

【解析】基坑内加固地基的目的主要有：提高土体的强度和土体的侧向抗力,减少围护结构位移,保护基坑周边建筑物及地下管线；防止坑底土体隆起破坏；防止坑底土体渗流破坏；弥补围护墙体插入深度不足等。

考点 2 结构施工技术

1. 【答案】BDE

【解析】水泥砂浆防水层施工技术：
(1) 防水砂浆应包括聚合物水泥防水砂浆、掺外加剂或掺合料的防水砂浆,宜采用多层抹压法施工。
(2) 基层面除应符合卷材防水层的规定外,还应坚实、无起砂现象。施工前应用水充分湿润,但不应有明水。
(3) 分层施工时,每层宜连续施工；留槎时应采用阶梯坡形,层与层间搭接应紧密；接槎处与特殊部位加强层距离不应大于200mm。
(4) 特殊部位应先嵌填密实,后大面铺抹。铺抹应压实、抹平,最外层表面应提浆压光。
(5) 防水层终凝后应立即进行保湿养护,养护温度不宜低于5℃,养护时间不宜少于14d。

2. 【答案】ABCE

【解析】卷材防水层施工技术：
(1) 卷材防水层的基面应坚实、平整、清洁,阴阳角处应做成圆弧或折角,并应符合所用卷材的施工要求。
(2) 铺贴卷材严禁在雨天、雪天、五级以上大风中施工,选项D错误。
(3) 不同品种防水卷材的搭接宽度应符合规范要求。
(4) 防水卷材施工前,基面应干净、干燥,

并应涂刷基层处理剂；当基面潮湿时,应涂刷湿固化型胶粘剂或潮湿界面隔离剂。
(5) 卷材搭接处和接头部位应粘贴牢固,接缝口应封严或采用材性相容的密封材料封缝。

3. 【答案】BCE

【解析】选项A错误,墙体水平施工缝应留设在高出底板表面不小于300mm的墙体上。选项B、C正确,拱、板与墙结合的水平施工缝,宜留在拱、板与墙交接处以下150～300mm处；垂直施工缝应避开地下水和裂隙水多的地段。
选项D错误,水平施工缝浇筑混凝土前,应将其表面浮浆和杂物清除。
选项E正确,遇水膨胀止水条采用搭接连接时,搭接宽度不得小于30mm。

4. 【答案】ACE

【解析】穿墙管防水施工：
(1) 固定式穿墙管应加焊止水环或环绕遇水膨胀止水圈,并做好防腐处理；穿墙管应在主体结构迎水面预留凹槽,槽内应用密封材料嵌填密实。
(2) 套管式穿墙管的套管与止水环及翼环应连续满焊,并做好防腐处理；套管内表面应清理干净,穿墙管与套管之间应用密封材料和橡胶密封圈进行密封处理,并采用法兰盘及螺栓进行固定。
(3) 当主体结构迎水面有柔性防水层时,防水层与穿墙管连接处应增设加强层。

第四节 浅埋暗挖法施工

考点 1 浅埋暗挖法施工方法

1. 【答案】D

【解析】全断面开挖法具有以下特征：
(1) 全断面开挖法适用于土质稳定、断面较小的隧道施工,适宜人工开挖或小型机械作业,选项D错误。
(2) 全断面开挖法采取自上而下一次开挖成型,沿着轮廓开挖,按施工方案一次进尺并及时进行初期支护。

(3)全断面开挖法的优点是可以减少开挖对围岩的扰动次数,有利于围岩天然承载拱的形成,工序简便;缺点是对地质条件要求严格,围岩必须有足够的自稳能力。

2.【答案】B

【解析】全断面开挖法缺点是对地质条件要求严格,围岩必须有足够的自稳能力。

考点 2 工作井施工技术

1.【答案】B

【解析】锁口圈梁混凝土强度应达到设计强度的70%及以上时,方可向下开挖竖井。

2.【答案】C

【解析】选项C错误,马头门开启应按顺序进行,同一竖井内的马头门不得同时施工。一侧隧道掘进15m后,方可开启另一侧马头门。

3.【答案】ACDE

【解析】竖井井口防护应符合下列要求:竖井应设置防雨棚、挡水墙;竖井应设置安全护栏,护栏高度不应小于1.2m;竖井周边应架设安全警示装置。

4.【答案】AE

【解析】超前小导管技术要求:
(1)超前小导管应沿隧道拱部轮廓线外侧设置,根据地层条件可采用单层、双层超前小导管;其环向布设范围及环向间距在设计时根据地层特性确定;安装小导管的孔位、孔深、孔径应符合设计要求。
(2)超前小导管长度、直径应根据设计要求确定。
(3)超前小导管应从钢格栅的腹部穿过,后端应支承在已架设好的钢格栅上,并焊接牢固,前端嵌固在地层中。前后两排小导管的水平支撑搭接长度不应小于1m。
(4)超前小导管的成孔工艺应根据地层条件进行选择,应尽可能减少对地层的扰动。
(5)小导管其端头应封闭并制成锥状,尾端设钢筋加强箍,管身梅花形布设 $\phi 6 \sim \phi 8mm$ 的溢浆孔。

(6)超前小导管加固地层时,其注浆浆液应根据地质条件、经现场试验确定;且应根据浆液类型,确定合理的注浆压力并选择合适的注浆设备。注浆材料可采用普通水泥单液浆、改性水玻璃浆、水泥—水玻璃双液浆等注浆材料。

5.【答案】ACDE

【解析】浅埋暗挖法初期支护主要包括钢格栅拱架、钢筋网片、纵向连接筋、喷射混凝土等支护结构。

6.【答案】D

【解析】喷射混凝土应分段、分片、分层自下而上依次进行。分层喷射时,后一层喷射应在前一层混凝土终凝后进行。

第五节 城市隧道工程安全质量控制

考点 1 城市隧道工程安全技术控制要点

【答案】B

【解析】现况管线改移、保护措施:
(1)对于基坑开挖范围内的管线,与建设单位、规划单位和管理单位协商确定管线拆迁、改移和悬吊加固措施。
(2)基坑开挖影响范围内的地上、地下管线及建(构)筑物的安全受施工影响,或其危及施工安全时,均应进行临时加固,经检查、验收,确认符合要求并形成文件后,方可施工。
(3)开工前,由建设单位召开工程范围内有关地上、地下管线及建(构)筑物、人防、地铁等设施管理单位的调查配合会,由管理单位指认所属设施及其准确位置,设明显标志。
(4)在施工过程中,必须设专人随时检查地上、地下管线及建(构)筑物、维护加固设施,以保持完好。
(5)观测管线沉降和变形并记录,遇有异常情况,必须立即采取安全技术措施。

考点 2 城市隧道工程质量控制要点

【答案】A

【解析】二次衬砌应在结构变形基本稳定的条件下施作；变形缝应根据设计来设置，并与初期支护变形缝位置重合；止水带安装应在两侧加设支撑筋，并固定牢固，浇筑混凝土时不得有移动位置、卷边、跑灰等现象。

考点 3　城市隧道工程季节性施工措施

【答案】D

【解析】选项A错误，防水混凝土的冬期施工入模温度不应低于5℃，宜掺入混凝土防冻剂等外加剂。

选项B、C错误，涂料防水层不得在施工环境温度低于5℃时施工；卷材防水层施工时，冷粘法、自粘法施工的环境气温不宜低于5℃，热熔法、焊接法施工的环境气温不宜低于−10℃。施工过程中下雨、下雪时，应做好已铺卷材的防护工作。

第四章　城市管道工程

第一节　城市给水排水管道工程

考点 1　开槽管道施工方法

1. 【答案】B

【解析】排水不良造成地基土扰动时，扰动深度在100mm以内，宜填天然级配砂石或砂砾处理；扰动深度在300mm以内，但下部坚硬时，宜填卵石或块石，用砾石填充空隙并找平表面。

2. 【答案】ABCD

【解析】沟槽施工方案主要内容有：

(1) 对有地下水影响的土方施工应编制施工降水排水方案。

(2) 沟槽施工平面布置图及开挖断面图。

(3) 沟槽形式、开挖方法及堆土要求。

(4) 无支护沟槽的边坡要求；有支护沟槽的支撑形式、结构、支拆方法及安全措施。

(5) 施工设备机具的型号、数量及作业要求。

(6) 不良土质地段沟槽开挖时采取的护坡和防止沟槽坍塌的安全技术措施。

(7) 施工安全、文明施工、沿线管线及建(构)筑物保护要求等。

3. 【答案】C

【解析】当设计无要求时，沟槽底部开挖宽度可按经验公式计算确定，即 $B=D_0+2\times(b_1+b_2+b_3)$。

式中，

B——管道沟槽底部的开挖宽度，mm。

D_0——管外径，mm。

b_1——管道一侧的工作面宽度，mm。

b_2——有支撑要求时，管道一侧的支撑厚度，可取150~200mm。

b_3——现场浇筑混凝土或钢筋混凝土管渠一侧模板厚度，mm。

4. 【答案】C

【解析】当地质条件良好、土质均匀、地下水位低于沟槽底面高程，且开挖深度在5m以内、沟槽不设支撑时，在相同的条件下放坡开挖沟槽，可采用最陡边坡的土层是老黄土。

5. 【答案】C

【解析】选项C错误，人工开挖多层沟槽的层间留台宽度：放坡开槽时不应小于0.8m，直槽时不应小于0.5m，安装井点设备时不应小于1.5m。

6. 【答案】C

【解析】槽底原状地基土不得扰动，机械开挖时槽底预留200~300mm土层，由人工开挖至设计高程，整平。

7. 【答案】C

【解析】采用焊接接口时，两端管的环向焊缝处齐平，内壁错边量不宜超过管壁厚度的20%，且不得大于2mm。管道任何位置不得有十字形焊缝。

8. 【答案】A

【解析】开槽管段采用电熔连接、热熔连接接口时，应选择在当日温度较低或接近最低时进行。

考点 2 不开槽管道施工方法

1.【答案】A
【解析】当周围环境要求控制地层变形或无降水条件时,宜采用封闭式的土压平衡或泥水平衡顶管机施工。目前城市改(扩)建给水、排水管道工程多数采用顶管法施工,机械顶管技术获得了飞跃性发展,选项A正确。

2.【答案】ABE
【解析】选项C错误,水平定向钻法在砂卵石地层不适用。
选项D错误,水平定向钻法适用于较短管道施工。

3.【答案】BCD
【解析】各种不开槽施工方法的适用管径:密闭式顶管法,300～4000mm;盾构法,3000mm以上;浅埋暗挖法,1000mm以上;水平定向钻法,300～1200mm;夯管法,200～1800mm。

考点 3 给水排水管道功能性试验

1.【答案】AD
【解析】压力管道水压试验分为预试验和主试验阶段;试验合格的判定依据分为允许压力降值和允许渗水量值,按设计要求确定。

2.【答案】B
【解析】选项A错误,当管道内径大于700mm时,可按管道井段数量抽样选取1/3进行试验。
选项C错误,无压管道的严密性试验分为闭水试验和闭气试验,应按设计要求确定;设计无要求时,应根据实际情况选择闭水试验或闭气试验。
选项D错误,渗水量的观测时间不得少于30min。

3.【答案】C
【解析】选项A错误,给水排水管道功能性试验分为压力管道的水压试验和无压管道的严密性试验。无压管道的严密性试验分为闭水试验和闭气试验。

选项B错误,压力管道的水压试验分为预试验和主试验阶段。
选项C正确,管道内注水时应从下游缓慢注入。
选项D错误,下雨时不得进行闭气试验。

4.【答案】ABC
【解析】大口径球墨铸铁管、玻璃钢管、预应力钢筒混凝土管或预应力混凝土管等管道单口水压试验合格,且设计无要求时:
(1)压力管道可免去预试验阶段,而直接进行主试验阶段。
(2)无压管道应认同为严密性试验合格,不再进行闭水或闭气试验。

5.【答案】C
【解析】无压管道闭水试验准备工作有:
(1)管道及检查井外观质量已验收合格。
(2)开槽施工管道未回填土且沟槽内无积水。
(3)全部预留孔应封堵,不得渗水。
(4)管道两端堵板承载力经核算应大于水压力的合力;除预留进出水管外,应封堵坚固,不得渗水。
(5)顶管施工,其注浆孔封堵且管口按设计要求处理完毕,地下水位于管底以下。
(6)应做好水源引接、排水疏导等方案。
选项C属于压力管道试验的准备工作。

6.【答案】BCDE
【解析】给水排水管道功能性试验分为压力管道的水压试验和无压管道的严密性试验。压力管道水压试验准备工作有:
(1)试验管段所有敞口应封闭,不得有渗漏水现象。
(2)试验管段不得用闸阀做堵板,不得含有消火栓、水锤消除器、安全阀等附件。
(3)水压试验前应清除管道内的杂物。
(4)应做好水源引接、排水等疏导方案。
选项A属于无压管道闭水试验的准备工作。

7.【答案】C
【解析】试验水头的确定方法:试验段上游设计水头不超过管顶内壁时,试验水头应以试验段上游管顶内壁加 2m 计。试验段上游设计水头超过管顶内壁时，试验水头应以试验段上游设计水头加 2m 计；计算出的试验水头小于 10m，但已超过上游检查井井口时，试验水头应以上游检查井井口高度为准。

8. 【答案】B

【解析】试验管段注满水后，宜在不大于工作压力条件下充分浸泡后再进行水压试验，浸泡时间要求：

(1) 球墨铸铁管（有水泥砂浆衬里）、钢管（有水泥砂浆衬里）、化学建材管不少于 24h。

(2) 内径大于 1000mm 的现浇钢筋混凝土管渠、预（自）应力混凝土管、预应力钢筒混凝土管不少于 72h。

(3) 内径小于 1000mm 的现浇钢筋混凝土管渠、预（自）应力混凝土管、预应力钢筒混凝土管不少于 48h。

第二节 城市燃气管道工程

考点 1 燃气管道的分类

1. 【答案】B

【解析】燃气管道可按用途、敷设方式和输气压力分类。

2. 【答案】A

【解析】干管及支管的末端连接城市或大型工业企业，作为供应区的气源点的是长距离输气管道。

3. 【答案】C

【解析】次高压 B 燃气管道输气压力范围为 $0.4MPa < P \leqslant 0.8MPa$。

4. 【答案】ADE

【解析】高压和次高压管道燃气必须通过调压站才能给城市分配管网中的次高压管道、高压储气罐和中压管道供气。

考点 2 燃气管道、附件及设施施工技术

1. 【答案】A

【解析】超高压、高压和中压 A 燃气管道，应采用钢管；中压 B 和低压燃气管道，宜采用钢管或机械接口铸铁管。中、低压燃气管道采用聚乙烯管材时，应符合有关标准的规定。地下燃气管道不得从建筑物和大型构筑物的下面穿越。

2. 【答案】B

【解析】地下燃气管道埋设的最小覆土厚度（路面至管顶）应符合下列要求：埋设在机动车道下时，最小直埋深度不得小于 0.9m；人行道及田地下的最小直埋深度不应小于 0.6m。

3. 【答案】C

【解析】地下燃气管道穿过排水管（沟）、热力管沟、综合管廊、隧道及其他各种用途沟槽时，应将燃气管道敷设于套管内。

4. 【答案】C

【解析】燃气管道穿越铁路时应加套管，套管内径应比燃气管道外径大 100mm 以上。

5. 【答案】A

【解析】燃气管道穿越电车轨道或城镇主要干道时，宜敷设在套管或管沟内。

6. 【答案】A

【解析】采用阴极保护的埋地钢管与随桥管道之间应设置绝缘装置。

7. 【答案】D

【解析】聚乙烯管道具有重量轻、耐腐蚀、阻力小、节约能源、安装方便、造价低等优点。聚乙烯管的使用范围较小。

8. 【答案】ABC

【解析】管材、管件和阀门应按不同类型、规格和尺寸分别存放，并应遵照"先进先出"的原则，选项 D 错误。

管材、管件和阀门不应长期户外存放。当从生产到使用期间，管材按规定存放时间超过 4 年、密封包装的管件存放时间超过 6 年，应对其抽样检验，性能符合要求方可使用，选项 E 错误。

9. 【答案】D

【解析】阀门是用于启闭管道通路或调节管道介质流量的设备。要求阀体的机械强度

高，安装前要按标准要求进行强度和严密性试验。

10. 【答案】ABE

【解析】燃气管道阀门安装注意事项：

（1）方向性：一般阀门的阀体上有标志，箭头所指方向即介质的流向，必须特别注意，不得装反。

（2）安装的位置应方便操作维修，同时还要考虑到组装外形美观，阀门手轮不得向下，避免仰脸操作；落地阀门手轮朝上，不得歪斜；在工艺允许的前提下，阀门手轮宜位于齐胸高，以便于启闭，选项C、D错误。要根据阀门工作原理确定其安装位置，否则阀门就不能有效地工作，或不起作用。

11. 【答案】ACD

【解析】为了保证管网的安全运行，并考虑到检修、接线的需要，应在管道的适当地点设置必要的附属设备。这些设备包括阀门、绝缘接头、补偿器、排水器、放散管、阀门井等。

12. 【答案】C

【解析】补偿器常安装在阀门的下侧（按气流方向），利用其伸缩性能，方便阀门的拆卸和检修。

13. 【答案】D

【解析】焊接后的绝缘接头、绝缘法兰与管线应按管线补口要求进行防腐，防腐作业时绝缘接头的表面温度不应高于120℃，选项D错误。

14. 【答案】D

【解析】为排除燃气管道中的冷凝水和石油伴生气管道中的轻质油，管道敷设时应有一定坡度，以便在最低处设排水器，将汇集的水或油排出。

考点 3　燃气管道功能性试验

1. 【答案】BCE

【解析】管道安装完毕后，应进行管道吹扫、强度试验和严密性试验。

2. 【答案】ABD

【解析】选项A错误，球墨铸铁管道、聚乙烯管道、公称直径小于100mm或长度小于100m的钢制管道，可采用气体吹扫。

选项B错误，公称直径大于或等于100mm的钢制管道，宜采用清管球进行清扫。

选项C正确，管道安装检验合格后，应由施工单位负责组织吹扫工作，并在吹扫前编制吹扫方案。

选项D错误，应按主管、支管、庭院管的顺序进行吹扫，吹扫出的脏物不得进入已吹扫合格的管道。

选项E正确，吹扫管段内的调压器、阀门、孔板、过滤网、燃气表等设备不应参与吹扫，待吹扫合格后再安装复位。

3. 【答案】ABCD

【解析】选项E错误，吹扫压力不得大于管道的设计压力，且不应大于0.3MPa。

4. 【答案】D

【解析】燃气管道强度试验：一般情况下试验压力为设计输气压力的1.5倍，且钢管和聚乙烯管（SDR11）不小于0.4MPa，聚乙烯管（SDR17.6）不小于0.2MPa，选项D正确。

5. 【答案】C

【解析】严密性试验前应向管道内充空气或惰性气体至试验压力，燃气管道的严密性试验稳压的持续时间一般不少于24h，每小时记录不应少于1次，修正压力降小于133Pa为合格。

第三节　城市供热管道工程

考点 1　供热管道的分类

1. 【答案】ABC

【解析】蒸汽热网可分为高压、中压、低压蒸汽热网。

2. 【答案】D

【解析】低温热水热网，其温度 $t \leqslant 100℃$。

3. 【答案】A

【解析】供热管道按热媒种类分为：

（1）蒸汽热网。

(2) 热水热网。

4. 【答案】B

【解析】供热管道按所处的地位分为：

(1) 一级管网：从热源至换热站的供热管网。

(2) 二级管网：从换热站至热用户的供热管网。

选项C、D属于按供回分类。

5. 【答案】B

【解析】供热管道按供回分类，分为供水管和回水管。供水管（汽网时：供汽管）：从热源至热用户（或换热站）的管道。回水管（汽网时：凝水管）：从热用户（或换热站）返回热源的管道。

考点 2 供热管道、附件及设施施工技术

1. 【答案】AB

【解析】供热管线工程竣工后，应全部进行平面位置和高程测量，竣工测量宜选用施工测量控制网。

2. 【答案】D

【解析】选项D错误，对接管口时，应在距接口两端各200mm处检查管道平直度，允许偏差为0~1mm。

3. 【答案】A

【解析】选项A错误，在管道安装过程中出现折角或管道折角大于设计值时，应与设计单位确认后再进行安装。

4. 【答案】B

【解析】弹簧支架的作用主要是减震，提高管道的使用寿命。导向支架是只允许管道沿自身轴向自由移动的支架。固定支架的作用是使管道在该点无任何方向位移，保护弯头、三通支管不被过大的应力所破坏，保证补偿器正常工作。滑动支架的作用是管道在该处允许有较小的轴向自由伸缩。

5. 【答案】D

【解析】选项D错误，固定支架卡板和支架结构接触面应贴实，但不得焊接，以免形成"死点"，发生事故。

6. 【答案】C

【解析】钢筋混凝土固定墩结构形式一般为：矩形、倒T形、单井、双井、翅形和板凳形。

7. 【答案】A

【解析】选项A错误，垫片需要拼接时，应采用斜口拼接或迷宫形式的对接，不得直缝对接。

8. 【答案】D

【解析】选项D错误，截止阀的安装应在严密性试验前完成。

9. 【答案】D

【解析】方形补偿器加工简单、安装方便、安全可靠、价格低廉、占空间大。

10. 【答案】C

【解析】波纹管补偿器利用波纹管的可伸缩性来进行补偿。方形补偿器利用同一平面内4个90°弯头的弹性来达到补偿的目的。自然补偿器的补偿原理是利用管道自身弯曲管段的弹性来进行补偿。套筒补偿器利用套筒的可伸缩性来进行补偿。

11. 【答案】A

【解析】蒸汽管道和设备上的安全阀应有通向室外的排汽管，热水管道和设备上的安全阀应有接到安全地点的排水管，并应有足够的截面积和防冻措施确保排放通畅；在排汽管和排水管上不得装设阀门；排放管应固定牢固。

12. 【答案】D

【解析】选项D错误，泵的吸入管道和输出管道应有各自独立、牢固的支架。

考点 3 供热管道功能性试验

1. 【答案】D

【解析】严密性试验的试验压力为1.25倍的设计压力，且不得低于0.6MPa。1.6×1.25=2.0（MPa）。

2. 【答案】ABE

【解析】选项C、D错误，供热管道冲洗应按主干线、支干线、支线分别进行，二级管网应单独进行冲洗。

3. 【答案】BCD

【解析】选项A错误，蒸汽吹洗的排汽管应引出室外（或检查室外），管口不得朝下，并应设临时固定支架，以承受吹洗时的反作用力。选项E错误，吹洗出口管在有条件的情况下，以斜上方45°为宜。

4. 【答案】D

【解析】热力管网试运行的时间应为达到试运行参数条件下连续运行72h。

5. 【答案】ABCD

【解析】选项E错误，试运行期间出现不影响试运行安全的问题，可待试运行结束后处理；当出现需要立即解决的问题时，应先停止试运行，然后进行处理。

第四节 城市管道工程安全质量控制

考点 1 城市管道工程安全技术控制要点

1. 【答案】ACE

【解析】选项B错误，当吊运重物下井距作业面底部小于500mm时，操作人员方可近前工作。选项D错误，施工供电应设置双路电源，并能自动切换。

2. 【答案】C

【解析】选项C错误，起重作业前应试吊，吊离地面100mm左右时，应检查重物捆扎情况和制动性能，确认安全后方可起吊。

考点 2 城市管道工程质量控制要点

【答案】ABCD

【解析】聚乙烯燃气管道连接注意事项：

(1) 管道连接前，应按设计要求在施工现场对管材、管件、阀门及管道附属设备进行查验。管材表面划伤深度不应超过管材壁厚的10%，且不应超过4mm；管件、阀门及管道附属设备的外包装应完好，符合要求方可使用。

(2) 聚乙烯管材与管件、阀门的连接，应根据不同连接形式选用专用的熔接设备，不得采用螺纹连接或粘接。连接时，严禁采用明火加热。

(3) 管道热熔或电熔连接的环境温度宜在-5～40℃范围内，在环境温度低于-5℃或风力大于5级的条件下进行热熔或电熔连接操作时，应采取保温、防风措施，并应调整连接工艺；在炎热的夏季进行热熔或电熔连接操作时，应采取遮阳措施；雨天施工时，应采取防雨措施；每次收工时，应对管口进行临时封堵。

考点 3 城市管道工程季节性施工措施

1. 【答案】B

【解析】基坑周边应设置挡水墙，基坑外应设置截水沟，防止地面水流入。基坑内应设置集水井，并应配备足够的抽水设备；基坑坑底挖至设计标高后，应及时进行结构施工，防止泡槽。若因故未能及时进行下一道工序而发生泡槽，应挖除被浸泡部分，并采取换填处理措施，宜选用砂砾材料，换填后地基承载力应满足相关设计要求。

2. 【答案】B

【解析】冬期施工应符合下列要求：

(1) 进入冬期施工前应编制冬期施工措施和计划。

(2) 开挖基坑周围宜设防风挡；土方开挖当日未见槽底时，应将槽底300mm刨松或覆盖保温材料防冻。

(3) 管道沟槽两侧及管顶以上500mm范围内不得回填冻土，沟槽其他部分冻土含量不得超过15%。

(4) 冬期进行管道闭水试验时，应采取防冻、防滑等措施。冬期进行水压试验时管身应填土至管顶以上500mm；暴露管道、接口、临时管线应用保温材料覆盖；根据现场条件，水中宜加食盐防冻；试压合格后，应及时将水放空。

第五章 城市综合管廊工程

第一节 城市综合管廊分类与施工方法

考点 1 综合管廊分类

1. 【答案】A

【解析】综合管廊的断面形式主要有矩形、圆形和异形三大类；其中圆形与矩形更为常见，矩形断面相较于圆形断面对空间的利用率更高，异形断面空间利用率介于两者之间。

2. 【答案】C

【解析】综合管廊的标断面形式应根据容纳的管线种类及规模、建设方式、预留空间及安装要求等确定，应满足管线安装、检修、维护作业所需要的空间要求：

(1) 天然气管道应在独立舱室内敷设。

(2) 热力管道采用蒸汽介质时应在独立舱室内敷设。

(3) 热力管道不应与电力电缆同舱敷设。

(4) 110kV 及以上电力电缆不应与通信电缆同侧布置。

(5) 给水管道与热力管道同侧布置时，给水管道宜布置在热力管道下方。

(6) 进入综合管廊的排水管道应采取分流制，雨水纳入综合管廊可利用结构本体或采用管道方式；污水应采用管道排水方式，宜设置在综合管廊底部。

(7) 综合管廊每个舱室应设置人员出入口、逃生口、吊装口、进风口、排风口、管线分支口等。

(8) 综合管廊管线分支口应满足预留数量、管线进出、安装敷设作业的要求。

(9) 压力管道进出综合管廊时，应在综合管廊外部设置阀门。

(10) 综合管廊应预留管道排气阀、补偿器、阀门等附件在安装、运行、维护作业时所需要的空间。

3. 【答案】C

【解析】综合管廊一般分为干线综合管廊、支线综合管廊、缆线综合管廊三种。

4. 【答案】A

【解析】综合管廊附属设施包括消防系统、通风系统、供电系统、照明系统、监控与报警系统、排水系统、标识系统等。

5. 【答案】C

【解析】选项 A 错误，天然气管道应在独立舱室内敷设。

选项 B 错误，热力管道不应与电力电缆同舱敷设。

选项 C 正确，110kV 及以上电力电缆不应与通信电缆同侧布置。

选项 D 错误，给水管道与热力管道同侧布置时，给水管道宜布置在热力管道下方。

考点 2　综合管廊主要施工方法

1. 【答案】B

【解析】明挖法施工：

(1) 采用明挖法施工时，宜采用预制装配式结构或滑模浇筑施工。

(2) 预制装配式管廊结构节段在预制厂生产宜采用长线法匹配预制；预制装配式管廊结构节段正式投入使用前宜进行试拼装；预制装配式管廊结构节段拼装必须按次序逐块、逐跨组拼推进。

(3) 预制装配式管廊结构节段拼装湿接缝应密实、平整、无缝、无孔、无空鼓。

(4) 预制装配式管廊结构节段吊装时，应验算起重设备站位处的地基承载力。

2. 【答案】BDE

【解析】盾构法施工：

(1) 盾构工作井宜采取永久与临时结合形式。

(2) 盾构工作井的净尺寸应满足盾构组装、解体和施工等的要求，其预留洞门直径应满足盾构始发和接收廊内管线安装、附属设施安装、检修、维护作业所需要的空间要求。

(3) 盾构掘进施工应控制排土量、盾构姿态和地层变形，应根据始发、掘进和接收阶段的施工特点、工程质量、施工安全和环境保护要求等采取针对性的技术措施。

(4) 壁后注浆应根据工程地质条件、地表沉降状态、环境要求和设备情况等选择注浆方式、注浆压力和注浆量。

(5) 应根据盾构类型、工程地质条件和其他实际情况，制定盾构安全技术操作规程和应急预案。

3. 【答案】B

【解析】明挖法施工：

(1) 基坑顶部周边宜做硬化和防渗处理，应进行有效的安全防护及挡、排水措施，并应设置明显的安全警示标志。

(2) 基坑顶部周围2m范围内，严禁堆放弃土及建筑材料等。在2m范围以外堆载时，不应超过设计荷载值，并应设置堆放物料的限重牌。

(3) 基坑土方开挖过程中，基坑坑底四周应设置简易排水明沟及集水坑，排水明沟的底面应比挖土面低0.3～0.4m，集水坑底面应比排水明沟底面低0.5m，集水坑间距宜为20～30m，由每段排水明沟中心点向相邻的两个集水坑找坡，沟底坡度宜为2.0%。

4. 【答案】B

【解析】浅埋暗挖法施工：

(1) 管廊浅埋暗挖法施工应无水作业。

(2) 暗挖管廊通风设备宜安装在管廊内部。

(3) 竖井应根据周边交通、建（构）筑物及水文地质情况等进行设置，宜结合永久结构设置工作竖井。

(4) 管廊浅埋暗挖法施工应根据水文地质情况及周边环境等风险因素采取超前管棚、超前小导管、超前深孔注浆及全断面注浆等地层预加固措施，减小施工对地层的扰动，控制建（构）筑物的沉降。

(5) 管廊开挖应预留变形量，不得欠挖，开挖后应及时进行初期支护，尽快封闭成环，并及时进行初期支护背后回填注浆。

第二节 城市综合管廊施工技术

考点 1 工法选择

1. 【答案】BCD

【解析】综合管廊主要施工方法中，适用于各种地质条件的有明挖法预制拼装、明挖法现浇和顶管法。

2. 【答案】C

【解析】盾构法对地面和周边环境影响小，不受自然环境和气候条件影响。适合下穿道路、河流或建筑物等各种障碍物，且线位上有建造盾构井的条件。适用于埋深大、距离长、曲线半径小、断面尺寸变化少、连续施工长度不小于300m的城市管网建设。

3. 【答案】A

【解析】顶管法对地面和周边环境影响小，不受自然环境和气候条件影响。适用于埋深浅、距离短的城市管网建设，适合穿越铁路、河流、过街通道、出入口等。

4. 【答案】BCDE

【解析】综合管廊施工方法主要有明挖法现浇、明挖法预制拼装、顶管法、盾构法和浅埋暗挖法等。

考点 2 结构施工技术

1. 【答案】C

【解析】综合管廊模板施工前，应根据结构形式、施工工艺、设备和材料供应条件进行模板及支架设计。模板及支撑的强度、刚度及稳定性应满足受力要求。模板工程应编制专项施工方案，超过一定规模的危险性较大的分部分项工程（模板工程及支撑体系）应组织专家论证会对专项施工方案进行论证。

2. 【答案】ACD

【解析】综合管廊基坑回填：

(1) 基坑回填应在综合管廊结构及防水工程验收合格后进行。

(2) 综合管廊两侧回填应对称、分层、均匀。管廊顶板上部1000mm范围内回填材料不得使用重型及振动压实机械碾压。

(3) 基坑分段回填接槎处，已填土坡应挖台阶，其宽度不应小于1.0m、高度不应大于0.5m。

(4) 对综合管廊特殊狭窄空间、回填深度大、回填夯实困难等回填质量难以保证的施工，采用预拌流态固化土新技术。

(5) 综合管廊回填土压实系数应符合设计要求，当设计无要求时，人行道、机动车道路下压实系数应不小于0.95，填土宽度每侧应比设计要求宽50cm。绿化带下应回填到种植土底标高，压实系数应不小于0.90。

3. 【答案】C

【解析】综合管廊防水施工：
(1) 综合管廊防水等级为二级以上，结构耐久性要求100年以上。
(2) 综合管廊现浇混凝土主体结构采用防水混凝土进行自防水。
(3) 在结构自防水的基础上，辅以柔性防水层。柔性防水层一般采用防水卷材和涂料防水层为主。
(4) 迎水面阴阳角处做成圆弧或45°折角；在转角或阴阳角等特殊部位应增加设置1~2层相同的防水层，且宽度不宜小于500mm。
(5) 管廊纵向区段有错台处，卷材铺设前应用砂浆将错台抹成倒角。有机防水涂料基面应干燥。
(6) 止水带埋设位置准确，其中间空心圆环与沉降缝及结构厚度中心线重合。

4. 【答案】D

【解析】综合管廊预制拼装工艺：
(1) 预制构件制作单位应具备相应的生产工艺设施，并应有完善的质量管理体系和必要的试验检测手段。
(2) 构件堆放的场地应平整夯实，并应具有良好的排水措施。
(3) 构件的标识应朝向外侧。
(4) 构件运输及吊装时，混凝土强度应符合设计要求。当设计无要求时，不应低于设计强度的75%。
(5) 预制构件安装前应对其外观、裂缝等情况进行检验。
(6) 预制构件安装前，应复验合格。当构件上有裂缝且宽度超过0.2mm时，应进行鉴定。

考点 3　运营管理

1. 【答案】C

【解析】综合管廊投入运营后应定期检测评定，对综合管廊本体、附属设施、内部管线设施的运行状况应进行安全评估，并应及时处理安全隐患。

2. 【答案】C

【解析】选项A错误，利用综合管廊结构本体的雨水渠，每年非雨季节清理疏通不应少于两次。

选项B错误，综合管廊投入运营后应定期检测评定，对综合管廊本体、附属设施、内部管线设施的运行状况应进行安全评估，并应及时处理安全隐患。

选项D错误，综合管廊建设期间的档案资料应由建设单位负责收集、整理、归档。建设单位应及时移交相关资料。

第六章　海绵城市建设工程

第一节　海绵城市建设技术设施类型与选择

考点 1　海绵城市建设技术设施类型

1. 【答案】A

【解析】选项A正确，海绵城市建设需要将绿色基础设施与灰色基础设施相结合，实现"灰""绿"互补，将源头低影响开发、传统雨水管渠、超标雨水径流蓄排设施相结合，统筹应用"滞、蓄、渗、净、用、排"等技术手段，实现多重径流雨水控制目标，同时具备适用性、目标性、生态性、效益性及组合性原则。

选项B错误，目前，海绵城市建设技术设施类型主要有渗透设施、存储与调节设施、转输设施、截污净化设施。

选项C错误，渗透设施主要有透水铺装、下沉式绿地、生物滞留设施、渗透塘。存储与调节设施主要有湿塘、雨水湿地、蓄水池、调节塘、调节池。

选项D错误，转输设施有植草沟、渗透管渠。

2. 【答案】B

【解析】目前，海绵城市建设技术设施类型主要有渗透设施、存储与调节设施、转输设施、截污净化设施。

考点 2 海绵城市建设技术设施选择

1. 【答案】B

【解析】建筑小区、城市绿地、广场等区域的低洼水塘或其他具有空间条件的场地，宜设置湿塘。建筑与小区、城市道路、城市绿地、滨水带等区域内的地势较低的地带或水体有自然净化需求的区域，宜设置雨水湿地。有绿化、道路喷洒、景观补水等雨水回用需求的小区、城市绿地等，宜根据雨水回用用途及用量设置蓄水池。建筑与小区、城市绿地等具有一定空间条件的区域，宜设置调节塘。城市雨水管渠系统较难改造时，可采用调节池。

2. 【答案】B

【解析】道路、广场、其他硬化铺装区及周边绿地应优先考虑采用下沉式绿地。下沉式绿地应低于周边铺砌地面或道路，下沉深度应根据土壤渗透性能确定，一般为100～200mm。

3. 【答案】A

【解析】道路、广场、其他硬化铺装区及周边绿地应优先考虑采用下沉式绿地。下沉式绿地应低于周边铺砌地面或道路，下沉深度应根据土壤渗透性能确定，一般为100～200mm。城市道路人行道、人行广场、建筑小区人行道等荷载较小的区域宜采用透水砖、透水混凝土、透水沥青等透水铺装，小型车的停车场宜采用植草砖、透水混凝土、透水沥青等透水铺装。园林绿地等场所也可采用鹅卵石、碎石、碎拼、踏步石铺地等透水铺装。汇水面积大于1公顷、地势较低的低洼地带等具有一定空间条件的区域，宜采用渗透塘。

第二节 海绵城市建设施工技术

考点 1 渗透技术

1. 【答案】B

【解析】渗透塘边坡坡度（垂直：水平）一般不大于1:3，塘底至溢流水位一般不小于600mm。渗透塘底部构造一般为200～300mm的种植土、透水土工布及300～500mm的过滤介质层。渗透塘排空时间不应大于24h。放空管距池底不应小于100mm。

2. 【答案】B

【解析】生物滞留设施应用于道路绿化带时，道路纵坡不应大于设计要求；设施靠近路基部分应按设计要求进行防渗处理。

3. 【答案】C

【解析】对于土壤渗透性较差的地区，可适当缩小雨水溢流口高程与绿地高程的差值，使得下沉式绿地集蓄的雨水能够在24h内完全下渗。

4. 【答案】C

【解析】雨水渗透技术通过将雨水汇流，引入雨水渗透设施。雨水渗透设施分表面渗透和埋地渗透两大类。表面入渗设施主要有透水铺装、下沉式绿地、生物滞留设施、渗透塘与绿色屋顶等；埋地渗透设施主要有渗井等。

考点 2 储存与调节技术

1. 【答案】A

【解析】调节池主要用于消减下游雨水管渠峰值流量，减少下游雨水管渠断面。调节池常用于雨水管渠中游，是解决下游现状雨水管渠过水能力不足的有效办法，主要包括塑料模块调节池、管组式调节池和钢筋混凝土调节池等。

2. 【答案】C

【解析】前置塘为湿塘的预处理设施，起到沉淀径流中大颗粒污染物的作用；池底一般为混凝土或块石结构，便于清淤。

3. 【答案】ABD

【解析】雨水的储存与调节是海绵城市中的重要一环，在雨量集中时可调节峰值流量，在降水不足时储存收集的雨水可以供给生活生产之用。雨水储存与调节设施主要有湿塘、雨水湿地、渗透塘、调节塘、蓄水池、蓄水模块等。

考点 3　转输技术

1. 【答案】D

【解析】选项A正确，选项D错误，渗透管渠开孔率应控制在1‰～3‰之间，无砂混凝土管的孔隙率应大于20%。渗透管渠四周应填充砾石或其他多孔材料，砾石层外包透水土工布，土工布搭接宽度不应少于200mm。

选项B正确，渗透管渠设在行车路面下时，覆土深度不应小于700mm。

选项C正确，渗渠中的砂（砾石）层厚度应满足设计要求，一般不应小于100mm。

2. 【答案】C

【解析】植草沟转输技术：

(1) 植草沟草种应耐旱、耐淹。植草沟一般分为传输型、干式、湿式植草沟。

(2) 植草沟总高度不宜大于600mm，上顶宽度应根据汇水面积确定，宜为600～2400mm，底部宽度宜为300～1500mm。

(3) 植草沟断面边坡坡度不宜大于1:3，采取相关措施保证雨水能以较低流速在植草沟内流动，防止边坡侵蚀。

(4) 植草沟不宜作为泄洪通道。

(5) 植草沟纵坡宜为1‰～4‰，当纵坡较大时应设置成阶梯形或中途设置消能台坎；当植草沟纵坡偏小时，泄水能力降低，此时应选用干式植草沟。

考点 4　截污净化技术

【答案】A

【解析】人工土壤渗滤施工要求：

(1) 防渗膜铺贴应贴紧基坑底和基坑壁，适度张紧，不应有皱折。防渗膜与溢井应连接良好、密闭，连接处不渗水。

(2) 防渗膜接缝应采用焊接或专用胶粘剂粘合，不应有渗透现象。施工中应保护好防渗膜，如有破损，应及时修补。

(3) 渗滤体铺装填料时，应均匀轻撒填料，严禁由高向低把承托料倾倒至前一层承托料之上。渗滤体应分层填筑，碾压密实，

碾压时应保护好渗管、排水管及防渗膜等不受破坏。

第七章　城市基础设施更新工程
第一节　道路改造施工

考点 1　道路改造施工内容

【答案】ABCE

【解析】道路改造施工内容：

(1) 城市道路更新改造应体现与周边环境和谐共生理念，坚持以人为本和绿色低碳发展要求，对现有道路使用状况进行检测和评估，通过病害治理、罩面加铺、拓宽、翻建等方法完成道路升级改造，保证道路承受荷载能力和面层使用性能，提升城市交通功能。

(2) 未来城市道路更新发展方向还将结合城市片区更新规划实现均衡协调发展，体现城市文化特色、结合工作与休闲功能体现以人为本，向着绿色交通、智慧交通等数字化方向发展。

(3) 道路更新改造对象包括沥青、水泥混凝土和砌块路面以及人行步道、绿化照明、附属设施、交通标志等，还包括沥青路面材料的再生利用。

考点 2　道路改造施工技术

1. 【答案】ABDE

【解析】非开挖式基底处理方法：对于脱空部位的空洞，采用注浆的方法进行基底处理，通过试验确定注浆压力、初凝时间、注浆流量、浆液扩散半径等参数。这是城镇道路大修工程中使用比较广泛和成功的方法。

2. 【答案】ABD

【解析】选项A正确，选项E错误，缝宽在10mm及以内的，应采用专用灌缝（封缝）材料或热沥青灌缝，缝内潮湿时应采用乳化沥青灌缝。

选项B、D正确，壅包峰谷高差不大于15mm时，可采用机械铣刨平整。当壅包峰

谷高差大于15mm且面积大于$2m^2$时,应采用铣刨机将壅包全部除去,并应低于路表面30mm及以上。基础壅包,应更换已变形的基层,再重铺面层。

选项C错误,当联结层损坏时,应将损坏部位全部挖除,重新修补。

3.【答案】D

【解析】微表处适用以下条件:

(1) 微表处理宜用于城镇快速路和主干路的上封层。

(2) 城镇道路进行维护时,原有路面结构应能满足使用要求,原路面的强度满足要求、路面基本无损坏,经微表处理后可恢复面层的使用功能。

(3) 微表处理技术应用于城镇道路维护,可单层或双层铺筑,具有封水、防滑、耐磨和改善路表外观的功能,MS-3型微表处理混合料还具有填补车辙的功能。可达到延长道路使用期的目的,且工程投资少、工期短。

第二节 桥梁改造施工

考点 1 桥梁改造施工内容

1.【答案】B

【解析】城市桥梁的养护工程宜分为保养、小修,中修工程,大修工程,加固工程,改扩建工程:

(1) 保养、小修:对管辖范围内的城市桥梁进行日常维护和小修作业。

(2) 中修工程:对城市桥梁的一般性损坏进行修理,恢复城市桥梁原有的技术水平和标准的工程。

(3) 大修工程:对城市桥梁的较大损坏进行综合治理,全面恢复到原有技术水平和标准的工程及对桥梁结构维修改造的工程。

(4) 加固工程:对桥梁结构采取补强、修复、调整内力等措施,从而满足结构承载力及设计要求的工程。

(5) 改扩建工程:城市桥梁因不适应现有的交通量、载重量增长的需要,需提高技术等级标准,显著提升其运行能力的工程;以及桥梁结构严重损坏,需恢复技术等级标准,拆除重建的工程。

考点 2 桥梁改造施工技术

1.【答案】B

【解析】根据桥梁上部结构不同类型一般采用以下的拼接连接方式:

(1) 钢筋混凝土实心板和预应力混凝土空心板桥,新、旧板梁之间的拼接宜采用铰接或近似于铰接连接。

(2) 预应力混凝土T形梁或组合T形梁桥,新、旧T形梁之间的拼接宜采用刚性连接。

(3) 连续箱梁桥,新、旧箱梁之间的拼接宜采用铰接连接。

2.【答案】B

【解析】桥梁增大截面加固法施工技术要求:

(1) 当加固钢筋混凝土受弯、受压构件时,可采用增大截面加固法。

(2) 加固之前,应对原结构构件的混凝土进行现场强度检测;原构件混凝土强度:受弯构件不应低于C20,受压构件不应低于C15。

(3) 增大截面加固时,在施工质量满足要求后,加固后构件可按新旧混凝土组合截面计算。

(4) 加固前应对原结构构件的截面尺寸、轴线位置、裂缝状况、外观特征等进行检查和复核。当与原设计或现有加固设计要求不符时,应及时通知设计单位处理。

3.【答案】C

【解析】新、旧桥梁的上部结构和下部结构相互连接方式的优缺点:

(1) 优点:将加宽桥、原桥连成整体,拼接后桥梁整体性较好。

(2) 主要缺点:加宽桥基础沉降量大于老桥基础沉降量,由此产生的附加内力较大,可能会使下部构造帽梁、系梁、桥台连接处产生裂缝;上部构造连接处也可能产生裂缝,导致使用功能下降,维修困难,外观不雅。

此外，下部构造需采用植筋连接技术，工程成本高。

4.【答案】B
【解析】桥梁粘接钢板加固法施工技术要求：
（1）当加固钢筋混凝土受弯、受压及受拉构件时，可采用粘贴钢板加固法。
（2）粘贴钢板外表面应进行防护处理。表面防护材料及胶粘剂应满足环境和安全要求。
（3）当粘贴钢板加固混凝土结构时，宜将钢板设计成仅承受轴向力作用。
（4）胶粘剂和混凝土缺陷修补胶应密封，并应存放于常温环境。
（5）钢板粘贴宜在5～35℃环境温度条件下进行；当环境温度低于5℃时，应采用低温环境配套胶粘剂或采用升温措施。
（6）当环境有露霜凝结时，应采取除湿措施。

第三节　管网改造施工

考点 1　管网改造施工内容

1.【答案】BCDE
【解析】局部修复是对原有管道内的局部漏水、破损、腐蚀和坍塌等进行修复的方法，主要有密封法、补丁法、铰接管法、局部软衬法、灌浆法、机器人法等，用于管道内部的结构性破坏以及裂纹等的修复。

2.【答案】ACE
【解析】按照爆管工具的不同，可将爆管分为气动爆管、液动爆管、切割爆管三种。

考点 2　管网改造施工技术

1.【答案】C
【解析】有限空间作业前，必须严格执行"先检测、再通风、后作业"的原则，根据施工现场有限空间作业实际情况，对有限空间内部可能存在的危害因素进行检测，未经检测或检测不合格的，严禁作业人员进入有限空间施工作业。
（1）作业人员必须接受安全技术培训，考核合格后方可上岗。

（2）作业人员必要时可穿戴防毒面具、防水衣、防护靴、防护手套、安全帽、系有绳子的防护腰带，配备无线通信工具和安全灯等。
（3）针对管网可能产生的气体危害和病菌感染等危险源，在评估基础上，采取有效的安全防护措施和预防措施，作业区和地面设专人值守，确保人身安全。

2.【答案】D
【解析】管网改造施工质量控制要点：
（1）非开挖修复更新工程完成后，应采用电视检测（CCTV）检测设备对管道内部进行表观检测。当管径大于等于800mm时，可采用管内目测。
（2）修复更新管道应无明显渗水，无水珠、滴漏、线漏等现象。内衬管道线形和顺，接口平顺，特殊部位过渡平缓。不应出现裂缝、孔洞、褶皱、起泡、斑、分层和软弱带等影响管道使用功能的缺陷。
（3）内衬管道短期力学性能符合设计要求，折叠内衬管道、缩径内衬管道复原良好。不锈钢内衬法焊缝无损检测合格。水泥砂浆喷涂法强度可靠，水泥砂浆抗压强度符合设计要求，且不低于30MPa，液体环氧涂料内衬管道表面应平整、光滑、无气泡、无划痕等，湿膜应无流淌现象。
（4）内衬管安装完成、内衬管冷却至周围土体温度后，应进行管道严密性检验。局部修复管道可不进行闭气或闭水试验。

第八章　施工测量

第一节　施工测量主要内容与常用仪器

考点 1　主要内容

【答案】ABCE
【解析】市政公用工程测量作业要求：
（1）从事施工测量的作业人员，应经专业培训、考核合格，持证上岗。
（2）施工测量用的控制桩要注意保护，经常校测，保持准确。
（3）测量记录应按规定填写并按编号顺序

保存。测量记录应做到表头完整、字迹清楚、规整,严禁擦改、涂改,必要时可用斜线划去错误数据,旁注正确数据,但不得转抄。

(4) 应建立测量复核制度。

(5) 工程测量应以中误差作为衡量测绘精度的标准,并应以 2 倍中误差作为极限误差。

考点 2 常用仪器

1. 【答案】C

【解析】全站仪主要应用于施工平面控制网的测量以及施工过程中控制点坐标测量(包含水平角观测、垂直角观测和距离观测)。激光准直(指向)仪用于角度坐标测量和定向准直测量。现场施工多用光学水准仪来测量构筑物标高和高程,适用于施工控制测量的控制网水准基准点的测设及施工过程中的高程测量。卫星定位 GPS 技术系统通过空间部分、地面控制部分与用户接收端之间的实时差分解算出待测点位的三维空间坐标;适合管线、道路、桥隧、水厂等工程的施工测量,可直接进行现场实时放样、中桩测量和点位测量。定位精度可达厘米级。

2. 【答案】D

【解析】市政公用工程常用的施工测量仪器主要有全站仪、经纬仪、水准仪、平板仪、测距仪、激光准直(指向)仪、卫星定位仪器(如 GPS、BDS)及其配套器具、陀螺全站仪、激光铅垂仪等。

3. 【答案】C

【解析】前视读数 = 3.460 + 1.360 − 3.580 = 1.240m。

4. 【答案】ABC

【解析】选项 D 错误,激光铅垂仪是由激光管、精密竖轴、发射望远镜、水准器、激光电源和基座组合而成的一种专供垂直定向的仪器。

选项 E 错误,卫星定位仪器可实时获得测量点的空间三维坐标。

第二节 施工测量及竣工测量

考点 1 施工测量

【答案】D

【解析】选项 D 错误,圆形井室应以井底圆心为基准进行放线。

考点 2 竣工测量

1. 【答案】C

【解析】竣工测量主要任务是对施工过程中设计更改部分、直接在现场指定施工部分以及资料不完整无法查对部分,根据施工控制网进行现场实测或补测。竣工测量工作内容包括控制测量、细部测量、竣工图编绘等。

2. 【答案】A

【解析】受条件制约无法补设测量控制网时,可考虑以施工有效的测量控制网点为依据进行测量,但应在条件允许的范围内对重复利用的施工控制网点进行校核。

第九章 施工监测

第一节 施工监测主要内容、常用仪器与方法

考点 1 主要内容

1. 【答案】ACD

【解析】施工监测按照监测内容可分为施工变形监测和力学监测两个方面。

(1) 变形监测包括竖向位移监测、水平位移监测、倾斜监测、深层水平位移监测、基坑底回弹监测、地下水位监测、净空收敛监测、裂缝监测等。

(2) 力学监测包括土压力监测、水压力监测、钢支撑轴力监测、锚索(锚杆)应力监测、钢管柱应力监测、混凝土支撑应力监测等。

2. 【答案】ABCE

【解析】施工监测的工作主要包括以下内容:

(1) 收集、分析相关资料,现场踏勘。

(2) 编制监测方案。

(3) 埋设与保护监测基准点和监测点。

(4) 校验仪器设备,标定元器件,测定监测

点初始值。

（5）外业采集监测数据和现场巡视。

（6）内业处理和分析监测数据。

（7）提交监测日报、警情快报、阶段性监测报告等。

（8）监测工作结束后，提交监测工作总结报告及相应的成果资料。

考点 2　常用仪器与方法

【答案】 ABCD

【解析】 市政公用工程施工监测常用的仪器主要有全站仪、水准仪、测斜仪、地下水位计、钢尺收敛计、分层位移计、卷尺、测距仪和监测相应的传感器。

第二节　监测技术与监测报告

考点 1　监测技术

1.【答案】ACE

【解析】 顶板应力、土体深层水平位移属于选测项目。

2.【答案】BCE

【解析】 立柱结构应力、土钉拉力属于选测项目。

3.【答案】BDE

【解析】 当开挖基坑为以下情况时，需实施基坑监测：

（1）基坑设计安全等级为一、二级的基坑。

（2）开挖深度大于或等于5m的下列基坑：土质基坑、极软岩基坑、破碎的软岩基坑、极破碎的岩体基坑；上部为土体，下部为极软岩、破碎的软岩、极破碎的岩体构成的土岩组合基坑。

（3）开挖深度小于5m但现场地质情况和周围环境较复杂的基坑。

考点 2　监测报告

1.【答案】AC

【解析】 阶段性报告包含：

（1）工程概况及施工进度。

（2）现场巡查信息：主要有巡查照片、记录等。

（3）监测数据图表：主要有监测项目的累计变化值、变化速率值、时程曲线、必要的断面曲线图、等值线图、监测点平面位置图等。

（4）监测数据、巡查信息的分析与说明。

（5）结论与建议。

2.【答案】ACDE

【解析】 监测报告统称为监测成果，可分类为监测日报，警情快报，阶段（月、季、年）性报告和总结报告。每种类型都有一定的内容要求、格式的规定和报送程序，应依据合同约定和有关规定进行编制，并及时向相关单位报送。

第二篇　市政公用工程相关法规与标准

第十章　相关法规
第一节　城市道路管理的有关规定

考点1　建设原则

【答案】A

【解析】城市供水、排水、燃气、热力、供电、通信、消防等依附于城市道路的各种管线、杆线等设施的建设计划，应与城市道路发展规划和年度建设计划相协调，坚持先地下、后地上的施工原则，与城市道路同步建设。

考点2　相关城市道路管理的规定

【答案】CD

【解析】因特殊情况需要临时占用城市道路的，须经市政工程行政主管部门和公安交通管理部门批准，方可按照规定占用。

第二节　城镇排水和污水处理管理的有关规定

考点1　建设原则

【答案】B

【解析】选项B错误，国家鼓励城镇污水处理再生利用，工业生产、城市绿化、道路清扫、车辆冲洗、建筑施工以及生态景观等，应当优先使用再生水。

考点2　相关城镇排水与污水处理管理的规定

【答案】C

【解析】选项C错误，排水户应当按照污水排入排水管网许可证的要求排放污水。

第三节　城镇燃气管理的有关规定

考点　城镇燃气管理的有关规定

【答案】D

【解析】在燃气设施保护范围内，禁止从事下列危及燃气设施安全的活动：
(1) 建设占压地下燃气管线的建筑物、构筑物或者其他设施。
(2) 进行爆破、取土等作业或者动用明火。
(3) 倾倒、排放腐蚀性物质。
(4) 放置易燃易爆危险物品或者种植深根植物。
(5) 其他危及燃气设施安全的活动。

在燃气设施保护范围内，有关单位从事敷设管道、打桩、顶进、挖掘、钻探等可能影响燃气设施安全活动的，应当与燃气经营者共同制定燃气设施保护方案，并采取相应的安全保护措施。

第十一章　相关标准
第一节　相关强制性标准的规定

考点1　各专业相关强制性规定

1.【答案】ABC

【解析】《城市道路交通工程项目规范》（GB 55011—2021）有关规定：
(1) 路基填筑应按不同性质的土进行分类分层压实；路基高边坡施工应制定专项施工方案。
(2) 路面施工应符合下列规定：①热拌普通沥青混合料施工环境温度不应低于5℃，热拌改性沥青混合料施工环境温度不应低于10℃。沥青混合料分层摊铺时，应避免层间污染。②水泥混凝土路面抗弯拉强度应达到设计强度，并应在填缝完成后开放交通。
(3) 当桥梁基础的基坑施工，存在危及施工安全和周围建筑安全风险时，应制定基坑围护设计、施工、监测方案及应急预案。
(4) 水中设墩的桥梁汛期施工时，应制定度汛措施及应急预案。

2.【答案】ACDE

【解析】《城市给水工程项目规范》（GB 55026—2022）有关规定：

(1) 给水管道竣工验收前应进行水压试验。生活饮用水管道运行前应冲洗、消毒，经检验水质合格后，方可并网通水投入运行。
(2) 给水管网及与水接触的设备经改造、修复后，以及水质受到污染后，应进行清洗消毒，水质检验合格后，方可投入使用。

《城乡排水工程项目规范》（GB 55027—2022）有关规定：
(1) 排水工程中管道非开挖施工、跨越或穿越江河等特殊作业应制定专项施工方案。
(2) 排水工程的贮水构筑物施工完毕应进行满水试验，试验合格后方可投入运行。
(3) 湿陷性黄土、膨胀土和流砂地区雨水管渠及其附属构筑物应经严密性试验合格后方可投入运行。
(4) 工程建设施工降水不应排入市政污水管道。
(5) 污水管道及其附属构筑物应经严密性试验合格后方可投入运行。

考点 2 施工质量控制相关强制性规定

1. 【答案】ABD
【解析】选项 C 错误，施工完成后的工程桩应进行竖向承载力检验，承受水平力较大的桩应进行水平承载力检验，抗拔桩应进行抗拔承载力检验。
选项 E 错误，基坑回填应排除积水，清除虚土和建筑垃圾，填土应按设计要求选料，分层填筑压实，对称进行，且压实系数应满足设计要求。

2. 【答案】ABCE
【解析】《建筑与市政工程防水通用规范》（GB 55030—2022）有关规定：
(1) 防水施工前应依据设计文件编制防水专项施工方案。
(2) 雨天、雪天或 5 级以上（含 5 级）大风环境下，不应进行露天防水施工。
(3) 防水混凝土施工应符合下列规定：
① 运输与浇筑过程中严禁加水。
② 应及时进行保湿养护，养护期不应少

于 14d。
③ 后浇带部位的混凝土施工前，交界面应做糙面处理，并应清除积水和杂物。
(4) 防水层施工完成后，应采取成品保护措施。

第二节 技术安全标准

考点 1 技术标准

1. 【答案】D
【解析】《城市综合管廊工程技术规范》（GB 50838—2015）相关规定：
(1) 给水、雨水、污水、再生水、天然气、热力、电力、通信等城市工程管线可纳入综合管廊。
(2) 城市新区主干路下的管线宜纳入综合管廊，综合管廊应与主干路同步建设。城市老（旧）城区综合管廊建设宜结合地下空间开发、旧城改造、道路改造、地下主要管线改造等项目同步进行。
(3) 综合管廊应同步建设消防、供电、照明、监控与报警、通风、排水、标识等设施。
(4) 现浇混凝土结构的底板和顶板，应连续浇筑不得留置施工缝。设计有变形缝时，应按变形缝分仓浇筑。

2. 【答案】D
【解析】根据《城镇道路工程施工与质量验收规范》（CJJ 1—2008），单位工程完成后，施工单位应进行自检，并在自检合格的基础上，将竣工资料、自检结果报监理工程师，申请预验收。监理工程师应在预验收合格后报建设单位申请正式验收。建设单位应依照相关规定及时组织相关单位进行工程竣工验收，并应在规定时间内报建设行政主管部门备案。

考点 2 安全标准

1. 【答案】C
【解析】《建设工程施工现场消防安全技术规范》（GB 50720—2011）相关规定：

（1）动火作业应办理动火许可证；动火许可证的签发人收到动火申请后，应前往现场查验并确认动火作业的防火措施落实后，再签发动火许可证。

（2）动火操作人员应具有相应资格。

（3）焊接、切割、烘烤或加热等动火作业前，应对作业现场的可燃物进行清理；作业现场及其附近无法移走的可燃物应采用不燃材料覆盖或隔离。

（4）施工作业安排时，宜将动火作业安排在使用可燃建筑材料的施工作业前进行。确需在使用可燃建筑材料的施工作业之后进行动火作业，应采取可靠的防火措施。

（5）裸露的可燃材料上严禁直接进行动火作业。

（6）焊接、切割、烘烤或加热等动火作业应配备灭火器材，并应设置动火监护人进行现场监护，每个动火作业点均应设置一个监护人。

（7）动火作业后，应对现场进行检查，动火操作人员应在确认无火灾危险后方可离开。

（8）具有火灾、爆炸危险的场所严禁明火。

（9）用于在建工程的保温、防水、装饰及防腐等材料的燃烧性能等级应符合设计要求。

2.【答案】D

【解析】选项D错误，基坑工程设计施工图必须按有关规定通过专家评审，基坑工程施工组织设计必须按有关规定通过专家论证；对施工安全等级为一级的基坑工程，应进行基坑安全监测方案的专家评审。

第三篇　市政公用工程项目管理实务

第十二章　市政公用工程企业资质与施工组织
第一节　市政公用工程企业资质

考点 1　资质等级标准

1. 【答案】A
【解析】一级资质企业持有岗位证书的施工现场管理人员不少于 50 人，且施工员、质量员、安全员、机械员、造价员、劳务员等人员齐全。

2. 【答案】ABC
【解析】企业注册资本金 3 亿元以上、企业净资产 3.6 亿元以上、企业近三年上缴建筑业营业税均在 5000 万元以上、企业银行授信额度近三年均在 5 亿元以上的企业为特级资质企业。

3. 【答案】B
【解析】一级资质企业的市政公用工程专业一级注册建造师不少于 12 人。

4. 【答案】B
【解析】市政公用工程施工总承包企业资质为一级的净资产要求为 1 亿元以上，二级资质净资产要求为 4000 万元以上，三级资质净资产要求为 1000 万元以上。

考点 2　承包工程范围

1. 【答案】B
【解析】压力管道主要分为 4 个大类，包括 GA 类（长输管道）、GB 类（公用管道）、GC 类（工业管道）、GD 类（动力管道）。市政公用工程燃气管道和热力管道施工需要具有 GB 类资质。

2. 【答案】ADE
【解析】二级资质可承担下列市政公用工程的施工：各类城市道路；15 万 t/d 以下的供水工程；10 万 t/d 以下的污水处理工程；25 万 t/d 以下的给水泵站、15 万 t/d 以下的污水泵站、雨水泵站；各类给水排水及中水管道工程等。

3. 【答案】D
【解析】三级资质可承担下列市政公用工程的施工：单跨 25m 以下的城市桥梁工程；0.2MPa 以下中压、低压燃气管道、调压站；5000m² 以下城市广场、地面停车场硬质铺装；单项合同额 2500 万元以下的市政综合工程等。

考点 3　企业资质管理

1. 【答案】ABCD
【解析】施工企业在项目管理中需避免以下对企业升级申请和增项申请造成影响的行为：
(1) 超越本企业资质等级或以其他企业的名义承揽工程，或允许其他企业或个人以本企业的名义承揽工程的。
(2) 与建设单位或企业之间相互串通投标，或以行贿等不正当手段谋取中标的。
(3) 未取得施工许可证擅自施工的。
(4) 将承包的工程转包或违法分包的。
(5) 违反国家工程建设强制性标准施工的。
(6) 恶意拖欠分包企业工程款或者劳务人员工资的。
(7) 隐瞒或谎报、拖延报告工程质量安全事故，破坏事故现场、阻碍对事故调查的。
(8) 按照国家法律、法规和标准规定需要持证上岗的现场管理人员和技术工种作业人员未取得证书上岗的。
(9) 未依法履行工程质量保修义务或拖延履行保修义务的。
(10) 伪造、变造、倒卖、出租、出借或者以其他形式非法转让建筑业企业资质证书的。
(11) 发生过较大以上质量安全事故或者发

生过两起以上一般质量安全事故的。

（12）其他违反法律、法规的行为。

第二节 二级建造师执业范围

考点 1 执业规模

【答案】C

【解析】市政公用工程专业二级注册建造师可以承接单项工程合同额3000万元以下的轻轨交通工程，包括路基工程、桥涵工程和地上车站工程，不包括轨道铺设。

考点 2 执业范围

1. 【答案】D

【解析】城市供热工程包括热源、管道及其附属设施（含储备场站）的建设与维修工程，不包括采暖工程。

2. 【答案】ABCE

【解析】城市地下交通工程包括地下铁道工程（含地下车站、区间隧道、地铁车厂与维修基地）、地下过街通道、地下停车场的建设与维修工程。

第三节 施工项目管理机构

考点 1 项目管理机构组成

【答案】A

【解析】项目部在项目经理的领导下，作为施工项目的管理机构，全面负责本项目施工全过程的技术管理、施工管理、工程质量管理、安全生产、施工进度管理、文明施工等工作。

考点 2 项目主要管理人员职责

1. 【答案】ABCD

【解析】项目总工程师职责有：

（1）认真贯彻执行国家有关技术标准、规范、规程及上级技术管理制度，对项目施工技术工作全面负责。

（2）负责现场技术人员的管理工作。组织技术人员学习、熟知合同文件和施工图纸。

（3）负责组织编制施工组织设计、方案。

（4）对项目工程生产中的安全生产负技术领导责任。

（5）贯彻落实安全生产方针、政策，严格执行安全技术规程、规范和标准。结合项目工程特点，主持项目工程的安全技术交底。

（6）参与对危险性较大分部分项工程的验收。

（7）负责组织编制项目竣工文件、施工技术总结，做好项目竣工验收的相关工作。

（8）指导施工技术人员严格按设计图纸、施工规范、操作规程组织施工，并进行质量、安全、进度控制。

（9）负责项目质量管理工作和工程质量创优计划的制定，并组织实施，负责技术质量事故的调查和处理，并及时报告。

（10）负责推广工程项目"四新技术"应用。

选项E属于项目副经理职责。

2. 【答案】A

【解析】项目经理是项目质量与安全生产第一责任人，对项目的安全生产工作负全面责任。

考点 3 项目管理制度建立

1. 【答案】AB

【解析】材料机械管理制度包括物资计划管理、物资采购供应管理、现场物资管理、物资检查与考核，各种大、中、小型机械的安全操作规程等。

2. 【答案】ABC

【解析】技术管理制度包括：施工图纸管理，图纸会审管理，测量管理，施工监测管理，试验检测管理，仪器、设备使用管理，变更、洽商管理，技术交底管理，技术资料管理等。

安全管理制度包括：安全生产教育制度、安全生产检查、安全生产技术交底制度、季节性施工安全管理制度、安全生产奖罚制度、安全生产验收制度、特种作业人员安全管理制度、有限空间施工安全管理制度、安全培训及考核制度等。

第四节　施工组织设计

考点 1　施工组织设计编制与管理

1. 【答案】ABCE

【解析】施工组织设计应包括工程概况、施工总体部署、施工现场平面布置、施工准备、施工技术方案、主要施工保证措施等基本内容。

2. 【答案】B

【解析】施工作业过程中发生下列情况之一时，施工组织设计应及时修改或补充：
(1) 工程设计有重大变更。
(2) 主要施工资源配置有重大调整。
(3) 施工环境有重大改变。

3. 【答案】A

【解析】施工组织设计由项目负责人主持编制，项目技术负责人参与编制，并负责对施工组织设计的编制、审批、实施等进行管理。

考点 2　施工方案编制与管理

1. 【答案】A

【解析】施工方法（工艺）是施工方案的核心内容，具有决定性作用。

2. 【答案】ABD

【解析】需要专家论证的工程范围：开挖深度超过5m（含5m）的基坑（槽）的土方开挖、支护、降水工程；工具式模板工程：包括滑模、爬模、飞模、隧道模等工程；起重量300kN及以上的起重机械安装工程；开挖深度超过16m以上的人工挖孔桩工程；采用矿山法、盾构法、顶管法施工的隧道、洞室工程。

3. 【答案】ABCD

【解析】选项E错误，技术组织是保证选择的施工方案得以实施的保证措施，包括加快施工进度，保证工程质量和施工安全，降低施工成本的各种技术措施，如采用新材料、新工艺、先进技术，建立安全质量保证体系及责任制，编写作业指导书，实行标准化作业，采用数字化、信息化技术（如 BIM、OA 等）编制施工进度计划等。

4. 【答案】ABE

【解析】施工方案主要内容包括施工方法的确定、施工机具的选择、施工顺序的确定，还应包括季节性措施、四新（新技术、新工艺、新材料、新设备）技术措施以及结合市政公用工程特点和由施工组织设计确定的、针对工程需要所应采取的相应方法与技术措施等方面的内容。重点分项工程、关键工序、季节施工还应制定专项施工方案。

5. 【答案】C

【解析】施工单位应当在危险性较大的分部分项工程施工前编制专项方案；对于超过一定规模的危险性较大的分部分项工程，施工单位应当组织专家对专项方案进行论证。需要专家论证的工程范围包括深基坑工程：开挖深度超过5m（含5m）的基坑（槽）的土方开挖、支护、降水工程。

6. 【答案】D

【解析】需要专家论证的脚手架工程：
(1) 搭设高度50m及以上的落地式钢管脚手架工程。
(2) 提升高度在150m及以上的附着式升降脚手架工程或附着式升降操作平台工程。
(3) 分段架体搭设高度20m及以上的悬挑式脚手架工程。

第十三章　施工招标投标与合同管理
第一节　施工招标投标

考点 1　施工招标

【答案】A

【解析】根据《必须招标的工程项目规定》（由中华人民共和国国家发展改革委员会令第16号发布）相关要求，从2018年6月1日起，凡属于该规定范围内的项目，施工单项合同估算价在400万人民币以上的，必须进行招标。

考点 2 施工投标

【答案】A

【解析】在电子招标投标中,投标单位对招标文件的疑问或在自行踏勘后对项目现场的疑问可以在网上向招标方提出问题,招标单位将以补遗招标文件形式在网上发布,投标单位须重新下载招标补遗文件。

第二节 施工合同管理

考点 1 施工总承包合同管理

【答案】A

【解析】《建设工程施工合同（示范文本）》（GF—2017—0201）中通用条款规定的优先顺序：
(1) 合同协议书。
(2) 中标通知书（如果有）。
(3) 投标函及其附录（如果有）。
(4) 专用合同条款及其附件。
(5) 通用合同条款。
(6) 技术标准和要求。
(7) 图纸。
(8) 已标价工程量清单或预算书。
(9) 其他合同文件。

考点 2 专业分包合同管理

【答案】D

【解析】专业工程分包人的主要责任和义务：
(1) 按照分包合同的约定,对分包工程进行设计（分包合同有约定时）、施工、竣工和保修。
(2) 按照合同约定的时间,完成规定的设计内容,报承包人确认后在分包工程中使用。承包人承担由此发生的费用。
(3) 在合同约定的时间内,向承包人提供年、季、月度工程进度计划及相应进度统计报表。
(4) 在合同约定的时间内,向承包人提交详细的施工组织设计,承包人应在专用条款约定的时间内批准,分包人方可执行。

(5) 遵守政府有关主管部门对施工场地交通、施工噪声以及环境保护和安全文明生产等的管理规定,按规定办理有关手续,并以书面形式通知承包人,承包人承担由此发生的费用,因分包人责任造成的罚款除外。

(6) 分包人应允许承包人、发包人、监理工程师及其三方中任何一方授权的人员在工作时间内,合理进入分包工程施工场地或材料存放的地点,以及施工场地以外与分包合同有关的分包人的任何工作或准备的地点,分包人应提供方便。

(7) 已竣工工程未交付承包人之前,分包人应负责已完分包工程的成品保护工作,保护期间发生损坏,分包人自费予以修复；承包人要求分包人采取特殊措施保护的工程部位和相应的追加合同价款,双方在合同专用条款内约定。

考点 3 劳务分包合同管理

【答案】B

【解析】选项B错误,承包人负责编制施工组织设计。

考点 4 材料设备采购合同管理

【答案】ABCD

【解析】材料采购合同的主要内容包括标的、数量、包装、交付及运输方式、验收、交货期限、价格、结算。

第十四章 施工进度管理

第一节 工程进度影响因素与计划管理

考点 1 工程进度影响因素

【答案】D

【解析】对于工程进度的影响因素有很多,其中主要因素有人的影响、机具设备、材料（构配件）的影响、技术、方法的影响、资金的影响、环境的影响及项目检测的影响等。人的影响主要包括项目经理、管理人员和具体实施人员的影响。

考点 2 工程进度计划管理

【答案】D

【解析】工程进度管理事中控制：
(1) 审核施工（供货、配合）单位进度计划、季度计划、月度计划，并监督施工单位按照已制定的施工进度计划实施。
(2) 每周定期与分包单位召开一次协调会，协调生产过程中产生的矛盾和存在的问题，按总承包每周施工进度要求检查完成情况，并落实下周施工生产进度。
(3) 在施工高峰时，每日施工结束前，召开一次碰头会，协商解决当天生产过程中和第二天生产中将会发生的问题。根据施工现场实际情况，及时修改和调整施工进度并定期向业主（发包方、开发商）、监理和设计单位通报施工过程进展情况。

选项 A、B 属于事前控制的内容；选项 C 属于事后控制的内容。

考点 3 工程进度风险管理

【答案】D

【解析】工程进度风险管理可分为以下 5 种情况：
(1) 实际进度超前于计划进度。该情况是由于施工进度过快造成了施工质量失控、施工安全管理失控，应及时找到进度超前的工作，放缓施工进度。
(2) 实际进度滞后于计划进度，且出现滞后的是关键工作。该情况会造成整体工程进度延误，这种影响最大，需要对原定的施工计划进行调整。
(3) 实际进度滞后于计划进度，且出现滞后的是非关键工作，但是滞后时间超过了总时差。该情况会导致后续最早开工时间滞后，造成整体计划工期延长，应采取措施进行进度计划调整。
(4) 实际进度滞后于计划进度，且出现滞后的是非关键工作，但是滞后时间超过了自由时差却没有超过总时差。该情况会导致后续最早开工时间滞后，但不会给整体

计划的工期造成太大影响，一般不会对原定计划进行调整。
(5) 实际进度滞后于计划进度，且出现滞后的是非关键工作，但是滞后时间没有超过其自由时差。该情况既不会给后续工作的最早开工时间造成影响，也不会对总工期造成影响，不必对原定计划进行调整。

第二节 施工进度计划编制与调整

考点 1 施工进度计划编制

【答案】D

【解析】双代号时标网络计划是以时间坐标为尺度编制的网络计划，时标网络计划中应以实箭线表示工作，以虚箭线表示虚工作，以波形线表示工作的自由时差。

考点 2 施工进度调整

【答案】ACDE

【解析】施工进度计划调整内容应包括工程量、起止时间、持续时间、工作关系、资源供应等。

第十五章 施工质量管理
第一节 质量策划

考点 1 质量目标确定

【答案】C

【解析】质量目标确定：
(1) 贯彻执行国家相关法规、规范、标准及企业质量目标及创优目标。
(2) 兑现合同约定的质量承诺。
(3) 明确施工组织设计中的质量目标并将质量目标分解到人、到岗。

考点 2 质量策划及实施

1. 【答案】C

【解析】质量策划应由施工项目负责人主持编制，项目技术负责人负责审核并报企业相关管理部门及企业技术负责人批准并得到监理单位认可后实施。

2. 【答案】A

【解析】质量策划应体现施工过程中从检验批、分项工程、分部工程到单位工程的过程控制，且应体现从资源投入、质量风险控制、特殊过程控制到完成工程施工质量最终检验试验的全过程控制。

3.【答案】B

【解析】确定项目质量管理体系与组织机构包括：
(1) 建立以项目负责人为首的质量保证体系与组织机构，实行质量管理岗位责任制。
(2) 确定质量保证体系框图及质量控制流程图。
(3) 明确项目部质量管理职责与分工。
(4) 制定项目部人员及资源配置计划。
(5) 制定项目部人员培训计划。

第二节 施工质量控制

考点 1　施工准备质量控制

【答案】A

【解析】项目负责人按质量计划中关于工程分包和物资采购的规定，经招标程序选择并评价分包方和供应商，保存评价记录。

考点 2　施工过程质量控制

【答案】ABDE

【解析】不合格处置应根据不合格严重程度，按返工、返修、让步接收、降级使用、拒收或报废四种情况进行处理。

考点 3　施工质量检查验收

1.【答案】ABCD

【解析】质量验收不合格的处理：
(1) 经返工返修或经更换材料、构件、设备等的检验批，应重新进行验收。
(2) 经有相应资质的检测单位检测鉴定能够达到设计要求的检验批，应予以验收。
(3) 经有相应资质的检测单位检测鉴定达不到设计要求，但经原设计单位核算认可能够满足结构安全和使用功能要求的检验批，可予以验收。

(4) 经返修或加固处理的分项工程、分部（子分部）工程，虽然改变外形尺寸但仍能满足结构安全和使用功能要求，可按技术处理方案文件和协商文件进行验收。
(5) 通过返修或加固处理仍不能满足结构安全或使用功能要求的分部（子分部）工程、单位（子单位）工程，严禁验收。

2.【答案】D

【解析】检验批应由专业监理工程师组织施工单位项目专业质量检查员、专业工长等进行验收。

3.【答案】A

【解析】经返修或加固处理的分项工程、分部（子分部）工程，虽然改变外形尺寸但仍能满足结构安全和使用功能要求，可按技术处理方案文件和协商文件进行验收。

第三节 竣工验收管理

考点 1　竣工验收要求

【答案】C

【解析】建设单位应当自建设工程竣工验收合格之日起15d内，向工程所在地的县级以上人民政府建设主管部门（备案机关）备案。

考点 2　工程档案管理

【答案】A

【解析】列入城建档案管理机构接收范围的工程，建设单位在工程竣工验收备案前，必须向城建档案管理机构移交一套符合规定的工程档案。

第十六章　施工成本管理

第一节 工程造价管理

考点 1　工程造价管理范围

【答案】A

【解析】对投标项目，要计算项目的预算价格、成本价格，分析发包人的期望价格、竞争对手的价格，还要根据评分办法制定不同的投标报价策略。

考点 2　设计概算、施工图预算的应用

【答案】A

【解析】把工程造价控制在合理的范围和核定的造价限额以内，就如通常规定的设计概算不得大于投资估算，施工图预算不得大于设计概算，竣工结算不得大于施工图预算。

第二节　施工成本管理

考点 1　施工成本管理的不同阶段

【答案】ABCD

【解析】施工期间的成本管理应抓住以下环节：

(1) 加强施工任务单和限额领料单的管理，落实降低成本的各项措施，做好施工任务单的验收和限额领料单的结算。

(2) 将施工任务单和限额领料单的结算资料进行对比，计算分部分项工程的成本差异，分析差异产生的原因，并采取有效的纠偏措施。

(3) 做好月度成本原始资料的收集和整理，正确计算月度成本，分析月度预算成本和实际成本的差异，充分注意不利差异，认真分析有利差异的原因，特别重视盈亏比例异常现象的原因分析，并采取措施尽快加以纠正。

(4) 在月度成本核算的基础上实行责任成本核算。即利用原有会计核算的资料，重新按责任部门或责任者归集成本费用，每月结算一次，并与责任成本进行对比，由责任者自行分析成本差异和产生差异的原因，自行采取纠正措施，为全面实施责任成本创造条件。

(5) 经常检查对外合同履约情况，防止发生经济损失。

(6) 加强施工项目成本计划执行情况的检查与协调。

选项 E 属于竣工验收、结算和保修阶段的

成本管理。

考点 2　施工成本管理的组织和分工

1. 【答案】ABCE

【解析】选用施工成本管理方法应遵循以下原则：

(1) 实用性原则。

(2) 坚定性原则。

(3) 灵活性原则。

(4) 开拓性原则。

2. 【答案】ABDE

【解析】施工成本管理的组织机构设置应符合下列要求：

(1) 高效精干。

(2) 分层统一。

(3) 业务系统化。

(4) 适应变化。

考点 3　施工项目目标成本的确定

【答案】B

【解析】施工项目成本计划按其形成作用可分为以下三种类型：

(1) 竞争性成本计划是工程项目投标及签订合同阶段的估算成本计划。

(2) 指导性成本计划是选派项目经理阶段的预算成本计划，是项目经理的责任成本目标。

(3) 实施性成本计划是项目施工准备阶段的施工预算成本计划，利用企业的施工定额编制施工预算所形成的实施性施工成本计划。

考点 4　施工成本控制

1. 【答案】ABCD

【解析】施工成本控制主要依据包括工程承包合同、施工成本计划、进度报告和工程变更。工程设计图纸虽然对施工有指导作用，但并不是施工成本控制的主要依据。

考点 5　施工成本核算

【答案】ACE

【解析】施工成本核算的对象是指在计算工程成本中，确定、归集和分配产生费用的具体对象，即产生费用承担的客体。一般而言，划分成本核算对象有以下几种：

(1) 一个单位工程由多个施工单位共同施工时，各个施工单位均以同一单位工程为成本核算对象，各自核算自行完成的部分。

(2) 规模大、工期长的单位工程，可以按工程分阶段或分部位作为成本核算对象。

(3) 同一"建设项目合同"内的多项单位工程或主体工程和附属工程可列为同一成本核算对象。

(4) 改建、扩建的零星工程，可把开竣工时间相近的一批工程，合为一个成本核算对象。

(5) 土石方工程、桩基工程，可按实际情况与管理需要，以一个单位工程或合并若干单位工程为成本核算对象。

考点 6　施工成本分析

1. 【答案】ABDE

【解析】施工成本分析的具体任务：
(1) 正确计算成本计划的执行结果，计算产生的差异。
(2) 找出产生差异的原因。
(3) 对成本计划的执行情况进行正确评价。
(4) 提出进一步降低成本的措施和方案。

2. 【答案】CE

【解析】施工成本分析的内容一般包括以下形式：
(1) 按施工进展进行的成本分析，包括分部分项工程分析、月（季）度成本分析、年度成本分析、竣工成本分析。
(2) 按成本项目进行的成本分析，包括人工费分析、材料费分析、机械使用费分析、专业分包费分析、项目管理费分析。
(3) 针对特定问题和与成本有关事项的分析，包括施工索赔分析、成本盈亏异常分析、工期成本分析、资金成本分析、技术组织措施节约效果分析、其他有利因素和不利因素对成本影响的分析。

3. 【答案】B

【解析】因素分析法又称连锁置换法或连环替代法。可用这种方法分析各种因素对成本形成的影响程度。在进行分析时，首先要假定众多因素中的一个因素发生了变化，而其他因素则不变，然后逐个替换，并分别比较其计算结果，以确定各个因素变化对成本的影响程度。

第三节　工程结算管理

考点 1　工程结算

【答案】D

【解析】选项D错误，工程结算可以在工程施工过程中进行，如阶段性结算、进度款结算等，不必等到工程完全完成后。

考点 2　工程计量

【答案】ABDE

【解析】选项C错误，工程计量可以选择按月或按工程形象进度分段计量，具体计量周期应在合同中约定。

考点 3　工程预付款结算

【答案】A

【解析】包工包料工程的预付款支付比例不得低于签约合同价（扣除暂列金额）的10%，不宜高于签约合同价（扣除暂列金额）的30%。

考点 4　工程进度款结算

【答案】D

【解析】选项A、B错误，承包人现场签证和得到发包人确认的索赔金额应列入本周期应增加的金额中。

选项C错误，由发包人提供的材料、工程设备金额，应按照发包人签约提供的单价和数量从进度款支付中扣除，列入本周期应扣减的金额中。

考点 5 工程竣工结算

【答案】ABCE

【解析】在采用工程量清单计价的方式下,工程竣工结算的编制应当遵循的计价原则主要包括以下几项:

(1) 分项工程和措施项目应依据发承包双方确认的工程量与已标价工程量清单的综合单价计算;发生调整的,应以发承包双方确认调整的综合单价计算。

(2) 措施项目中的总价项目应依据已标价工程量清单的项目和金额计算;发生调整的,应以发承包双方确认调整的金额计算,其中安全文明施工费必须按照国家或省级、行业建设主管部门的规定计算。

此外,发承包双方在合同工程实施过程中已经确认的工程计量结果与合同价款,在竣工结算办理中应直接进入结算。

采用总价合同的,应在合同总价的基础上,对合同约定调整的内容及超过合同约定的风险因素进行调整;采用单价合同的,在合同约定风险范围内的综合单价应固定不变,并按合同约定进行计量,且按实际完成的工程量进行计量。

第十七章 施工安全管理
第一节 常见施工安全事故及预防

考点 1 常见施工安全事故类型

1.【答案】AB

【解析】机械伤害常见于施工机具带病作业、安全装置设置不到位、人机配合不协调、未保持安全距离导致作业人员遭到机械切割、挤压伤亡。

常见的起重伤害事故有:起重机械安全装置失效、吊索具不合规、吊物捆绑不当,导致吊物坠落伤人;地面承载力不足、起重机械支腿未伸展到位、超载起吊、歪拉斜吊导致起重机械倾覆;指挥、操作失误,导致起重机械碰撞或挤压作业人。

2.【答案】ABCD

【解析】按照《企业职工伤亡事故分类》(GB 6441—1986),我国将职业伤害事故分成 20 类,其中高处坠落、触电、物体打击、起重伤害、机械伤害、坍塌、中毒和窒息、火灾是市政公用工程施工项目中最常见的职业伤害事故。

考点 2 常见施工安全事故预防措施

1.【答案】ADE

【解析】选项 A 正确,选项 B 错误,施工现场临时配电线路应采用三相四线制电力系统,并采用 TN-S 接零保护系统,配电电缆应采用符合要求的五芯电缆,不得沿地面明设、不得架设在树木、脚手架及其他设施上。

选项 C 错误,每台用电设备应有各自专用的开关箱,不得用同一个开关箱直接控制两台及两台以上用电设备(含插座)。

选项 D 正确,配电柜应装设隔离开关及短路、过载、漏电保护器,配电箱、开关箱应选用专业厂家定型、合格产品,并应使用 3C 认证的成套配电箱技术,额定漏电动作电流和额定漏电动作时间应符合要求。

选项 E 正确,配电线路应有短路保护和过载保护。

2.【答案】BDE

【解析】选项 A 错误,有限空间作业前,必须严格执行"先检测、再通风、后作业"的原则,根据施工现场有限空间作业实际情况,对有限空间内部可能存在的危害因素进行检测,未经检测或检测不合格的,严禁作业人员进入有限空间施工作业。

选项 B 正确,气体检测应按照氧气含量、可燃性气体、有毒有害气体顺序进行,检测内容至少应当包括氧气、可燃性气体、硫化氢、一氧化碳。

选项 C 错误,严禁使用纯氧对有限空间进行通风换气。

选项 D 正确,有限空间作业应有专人监护。无关人员不得进入有限空间,并应在醒目处设置警示标志。

选项 E 正确，作业人员进入有限空间前和离开时应准确清点人数。

第二节 施工安全管理要点

考点 1 基坑开挖安全管理要点

【答案】C

【解析】根据土的分类和力学指标、开挖深度等确定边坡坡度（放坡开挖时），或根据土质、地下水情况及开挖深度等确定支护结构方法（采用支护开挖时）。

考点 2 脚手架施工管理要点

【答案】ACE

【解析】选项 B 错误，风力超过 6 级（含 6 级）时，应停止架上作业。

选项 D 错误，脚手架使用期间，严禁在脚手架立杆基础下方及附近实施挖掘作业。

考点 3 临时用电安全管理要点

【答案】ACDE

【解析】选项 B 错误，当施工现场与外电线路共用同一供电系统时，电气设备的接地、接零保护应与原系统保持一致，不得一部分设备做保护接零，另一部分设备做保护接地。

考点 4 起重吊装安全管理要点

【答案】ACD

【解析】选项 B 错误，汽车起重机作业时，坡度不得大于 3°。

选项 E 错误，两台起重机共同起吊一货物时，其重物的重量不得超过两机起重量总和的 75%。

考点 5 机械施工安全管理要点

【答案】AC

【解析】选项 A 正确，机械进入现场前，应查明行驶路线上的桥梁、涵洞的上部净空和下部承载能力，确保机械安全通过。

选项 B 错误，机械通过桥梁时，应采用低速档慢行。

选项 C 正确，作业前，必须查明施工场地内明、暗铺设的各类管线等设施，并应采用明显记号标识。

选项 D 错误，严禁在离地下管线、承压管道 1m 距离以内进行大型机械作业。

选项 E 错误，桩工机械作业区应有明显标志或围栏，非工作人员不得进入。桩锤在施打过程中，操作人员必须在距离桩锤中心 5m 以外监视。

考点 6 消防安全管理要点

【答案】BCDE

【解析】选项 A 错误，易燃易爆危险品库房与在建工程的防火间距不应小于 15m。

选项 B 正确，宿舍、生活区建筑构件的燃烧性能等级应为 A 级。

选项 C 正确，施工现场的消火栓泵应采用专用消防配电线路。

选项 D 正确，变配电室应为独立的单层建筑，变配电室内及周边不应堆放可燃物。

选项 E 正确，动火动焊作业前应对可燃物进行清理，如可燃物无法移走应采用不燃材料对其进行覆盖或隔离，并配备消防器材，设专人看护。

考点 7 安全防护管理要点

【答案】A

【解析】施工现场入口处及主要施工区域、危险部位应设置相应的安全警示标志牌，如施工起重机械、临时用电设施、脚手架、出入通道口、孔洞口、桥梁口、隧道口、基坑边沿、爆破物及有害危险气体和液体存放处等属于危险部位，应当设置明显的安全警示标志。对夜间施工或人员经常通行的危险区域、设施，应安装灯光示警标志。

第十八章 绿色施工及现场环境管理

第一节 绿色施工管理

考点 1 绿色施工组织与管理制度

【答案】ABD

【解析】施工组织与策划：
（1）实施原则与组织管理包括以下方面：
①应建立绿色管理体系及管理制度，明确管理职责。
②应规范专业分包绿色管理制度，参建各方（建设单位、施工总承包单位、设计单位、监理单位、分包单位等）应明确各级岗位权责。
（2）策划与实施管理包括以下方面：
①结合前期策划制定的绿色总目标制定绿色建造施工目标。
②编制绿色建造策划实施方案，包括对碳排放相关要求的控制措施。
③应建立绿色管控过程交底、培训制度，并有实施记录。
④根据绿色建造施工过程要求，应进行图纸会审、深化设计与合理化建议，制定优化设计、方案优化措施，并有实施记录。
⑤应根据工程特点制定绿色科研计划。

考点 2 施工现场资源节约与循环利用

1. **【答案】** ACDE
   【解析】 施工现场污水排放应符合下列规定：
   （1）现场道路和材料堆放场地周边应设排水沟。
   （2）工程污水和试验室养护用水应经处理达标后排入市政污水管道。
   （3）现场厕所应设置化粪池，化粪池应定期清理。
   （4）工地厨房应设隔油池并定期清理。
   （5）雨、污水应分流排放。

2. **【答案】** ABCE
   【解析】 施工现场扬尘控制应符合下列规定：
   （1）现场应建立洒水清扫制度，配备洒水设备，并应由专人负责。
   （2）对裸露地面、集中堆放的土方应采取抑尘措施。
   （3）运送土方、渣土等易产生扬尘的车辆应采取封闭或遮盖措施。
   （4）现场进出口应设冲洗池和吸湿垫，应保持进出现场车辆清洁。
   （5）易飞扬和细颗粒建筑材料应封闭存放，余料应及时回收。
   （6）易产生扬尘的施工作业应采取遮挡、抑尘等措施。
   （7）拆除爆破作业应有降尘措施。
   （8）高空垃圾清运应采用封闭式管道或垂直运输机械完成。
   （9）现场使用散装水泥、预拌砂浆应有密闭防尘措施。

第二节 施工现场环境管理

考点 1 施工现场环境管理要求

【答案】 ABCD
【解析】 绿色施工应遵循以人为本、因地制宜、环保优先、资源高效利用的原则。

考点 2 施工现场文明施工管理

1. **【答案】** ABDE
   【解析】 施工现场必须设有"五牌一图"，即工程概况牌、管理人员名单及监督电话牌、消防保卫（防火责任）牌、安全生产牌、文明施工牌和施工现场总平面图。

2. **【答案】** ADE
   【解析】 施工现场必须实行封闭管理，设置进出口大门并制定门卫制度，严格执行外来人员进场登记制度。沿工地四周连续设置围挡，市区主要路段和其他涉及市容景观路段的工地设置围挡的高度不低于2.5m，其他工地的围挡高度不低于1.8m，围挡材料要求坚固、稳定、统一、整洁、美观。

第四篇　案例专题模块

模块一　城镇道路工程

案例一

1. （1）应设置在垫层（介于基层与土基之间）。
   （2）作用：①排水，改善土基的湿度和温度状况，改善路面结构的使用性能；②保证面层和基层的强度稳定性和抗冻胀能力，扩散由基层传来的荷载应力，以减小土基所产生的变形。

2. 五牌：工程概况牌、管理人员名单及监督电话牌、消防保卫（防火责任）牌、安全生产牌、文明施工牌。
   一图：施工现场总平面图。

3. （1）当施工现场日平均气温连续5d稳定低于5℃，或最低环境气温低于-3℃时，应视为进入冬期施工。
   （2）基层类型为水泥稳定碎石基层，宜在进入冬期前15～30d停止施工。

4. 断面形式应选择（b）断面。雨水支管为开槽法施工、混凝土基础，应在管道两侧留设作业面；因为采用混凝土全包封处理，（a）断面两侧没有形成包封效果，故选择（b）断面。

5. 钢筋进场时还需要检查质量合格证明书、各项性能检验报告、级别、数量等。

案例二

1. 项目部宜选择冲击钻。
   理由：地质情况为粗砂、卵石，以及强风化花岗岩，在备选的桩基施工机械中，只有冲击钻可适用本工程所有地层。

2. 不妥之处：填筑土方从现有城市次干道倾倒入路基。
   正确做法：倾倒土方应远离次干道，可从城市次干道修筑临时便道运土，减少对社会交通的干扰，并满足文明施工要求。

3. （1）补充缺漏之处：
   ①池塘抽水及清理泥浆池泥浆后，应进行地基处理，分层填筑压实到原地面标高。
   ②清理地表杂草杂物时，还应清除地表腐殖土，应对次干道边坡开挖台阶，每级台阶宽度不得小于1m，每级台阶高度不宜大于300mm，台阶顶面应向内倾斜。
   ③路基碾压密实前，应先修筑试验段。
   （2）改正错误之处：
   错误：路堤分层填筑，厚1m。
   改正：路堤分层填筑，每层的虚铺厚度应视压实机具的功能确定，宜控制在300mm以内。

4. （1）属于重力式挡土墙。
   （2）构造A：反滤层。
   （3）功用：过滤，防止泥沙堵塞泄水孔，以利于排水。

案例三

1. 方法有两种：
   （1）开挖式基底处理，即挖除破损位置后换填基底材料。
   （2）非开挖式基底处理，即钻孔注浆填充脱空部位的孔洞。
   另外对于局部破损处还应进行剔除、清理、回补处理。

2. 应采用弯沉仪或探地雷达等设备检测水泥混凝土路面板的脱空。

3. 检查井、雨水口、路缘石以及一期道路结构交接位置的高程需调整。

4. 工作井、接收井常用的施工方法除明挖法外，还有倒挂井壁法、沉井法等。

案例四

1. 补充路面基层施工主要机械设备：
   （1）集中拌合（厂拌）采用成套的稳定土拌

合设备。

(2) 装载机、推土机、运输车辆。

(3) 摊铺机。

(4) 沥青洒布车、嵌丁料洒布车。

(5) 小型夯实机械。

(6) 清除车。

2. (1) 底基层碾压错误之处：底基层直线段由中间向两边碾压。

正确做法：底基层直线段应由两边向中间碾压；设超高的平曲线段，应由内侧向外侧碾压。

(2) 沥青混合料初压设备可以采用钢轮压路机。

3. 压路机的碾压温度应根据沥青和沥青混合料种类、压路机类型、气温、层厚等因素经试压确定。

4. 施工现场的进口处还需补充设置的"五牌一图"有：管理人员名单及监督电话牌、消防保卫（防火责任）牌和施工现场总平面图。

5. 用横道图表示的施工进度计划如下图所示。

施工过程	周																					
	1	2	3	4	5	6	7	8	9	10	11	12	13	14	15	16	17	18	19	20	21	22
Ⅰ		①				②					③			④								
Ⅱ								①				②				③		④				
Ⅲ																				━		
Ⅳ																					━	
Ⅴ																						━

工期为：7+（3+4+2+3）+（1+1+1）=22（周）。

模块二　城市桥梁工程

💡 案例一

1. (1) K：桥头搭板。

作用：防止桥台与台背填土产生不均匀沉降，防止桥头跳车。

(2) M：桥台。

作用：支承桥跨结构并将恒载和车辆等活载传至地基；与路堤相衔接，抵御路堤土压力；防止路堤填土的滑坡和塌落。

2. A区域填料宜采用透水性材料（如碎石土、砾石土）回填。

3. 项目部的要求不合理。

理由：

(1) 该部分工程量超出了设计图纸范围。

(2) 监理工程师认可的是承包方保证质量的技术措施，措施费由承包方自行承担。

4. 第（1）条正确。

第（2）条错误。

改正：气候炎热、干燥时碾压水泥稳定混合料，含水率宜略大于最佳含水率。

5. 局部表面松散的原因：

(1) 水泥稳定材料夜间运输、白天摊铺时间过长。

(2) 从搅拌到摊铺完成不应超过3h。

(3) 基层宜在水泥初凝前碾压成型。

6. 项目部的做法不正确。

理由：台身、挡墙混凝土强度达到设计强度的75%以上时，方可回填土。拱桥台背填土应在承受拱圈水平推力前完成。

💡 案例二

1. 不符合规定。

理由：施工组织设计应经企业技术负责人审批并加盖企业公章后报总监理工程师审批。

2. 支架预拱度还应考虑：

(1) 设计文件规定的结构预拱度。

(2) 受载后由于杆件接头处的挤压和卸落设备压缩而产生的非弹性变形。

(3) 支架基础受载后的沉降。

3. 对支架基础预压的目的：

(1) 消除地基沉降等非弹性变形。
(2) 检验地基承载力是否满足施工荷载要求。
(3) 防止由于地基沉降产生梁体混凝土裂缝。

4. (1) B标段连续梁采用悬臂浇筑法（悬浇法或挂篮法）最合适。
(2) 浇筑顺序主要为：墩顶梁段（0号块）→墩顶梁段（0号块）两侧对称悬浇梁段→边孔支架现浇梁段→主梁跨中合龙段。

案例三

1. 桥梁净空高度不满足通行需要。
理由：桥下净空高度＝8－1.5＝6.5（m），桥下净空高度减去梁高和梁顶支架模板的总高度＝6.5－2.0＝4.5（m），此时车辆通行净空高度为4.5m，不满足社会车辆通行4.8m的需要。

2. (1) ①：可调顶托；②：立杆；③：横杆。
(2) 补充之处：纵向扫地杆、横向扫地杆、斜撑、剪刀撑、下托、垫板。

3. 做法不妥当。
不妥之处及正确做法如下：
(1) 口头交底不正确。技术交底应有书面交底记录，并办理签字手续，随施工文件及时归档。
(2) 导管埋深不正确。导管首次埋入混凝土灌注面以下不应少于1.0m；灌注过程中，导管埋入混凝土深度宜为2~6m。
(3) 拔管指挥人员离开现场不正确。拔管应有专人负责指挥。

4. 断桩的其他原因：
(1) 初灌混凝土量不够。
(2) 导管拔出混凝土面。
(3) 灌注时间太长。
(4) 清孔时孔内泥浆悬浮的砂粒太多。

5. 应采取的技术措施：
(1) 桩顶混凝土浇筑完成后应高出设计标高0.5~1.0m。
(2) 桩顶10m范围内混凝土适当调整配合比，增大碎石含量。
(3) 灌注最后阶段，孔内混凝土面测定采用硬杆筒式取样法测定。

案例四

1. (1) A：系梁；B：垫石。
(2) 桥下净空高度＝218.995－212.610＝6.385（m）。

2. 有不妥之处。
(1) 不妥之处一：整平箱梁范围内的场地，压路机压实完毕经检查合格后进行支架搭设。
改正：地基应进行预压，地面进行硬化处理，并做好排水措施。
(2) 不妥之处二：箱梁预应力筋施工时，采用电弧切割预应力筋下料。
改正：预应力筋宜使用砂轮锯或切断机切断，不得采用电弧切割。

3. 监理的做法正确。
理由：施工单位从支座向跨中方向依次循环拆除支架的做法错误，应该从跨中向支座方向依次循环拆除支架。

4. 支架拆除应采取以下安全措施：
(1) 模板支架拆除现场应设作业区，其边界设警示标志，并由专人值守，非作业人员严禁入内。
(2) 模板支架拆除采用机械作业时应由专人指挥。
(3) 模板支架拆除应按施工方案或专项方案要求，由上而下逐层进行，严禁上下同时作业。
(4) 严禁敲击、硬拉模板、杆件和配件。
(5) 严禁抛掷模板、杆件、配件。
(6) 拆除的模板、杆件、配件应分类码放。

案例五

1. 投影宽度：
(1) 左侧按照无荷载考虑，按照1∶0.67放坡，投影宽度＝4.5×0.67＝3.015（m）。
(2) 右侧按照动荷载考虑，按照1∶1.0放坡，投影宽度为4.5m。
2. (1) 降水方式：降水深度＝4.5＋0.5＝5.0（m），地层为粉质土，应选用真空井点降水。
(2) 平面布置形式：基坑长度为50m，宽度为8m，长宽比$L/B=6.25<20$，所以为面状。降水井点宜沿降水区域周边呈封闭状均匀布置，距开挖上口边线不宜小于1m。
3. 施工前应逐级进行安全技术交底，交底应包括工程概况、安全技术要求、风险状况、控制措施和应急处置措施等内容。

案例六

1. 空心板预应力体系属于后张法、有粘结预应力体系。
2. 钢绞线存放的仓库必须干燥、防潮、通风良好、无腐蚀气体和介质。存放在室外时，不得直接堆放在地面上，必须垫高、覆盖、防腐蚀、防雨露。
3. (1) 钢绞线入库时材料员还需查验质量证明文件、规格。
(2) 钢绞线见证取样还需检测的项目：直径偏差检查、力学性能试验（抗拉强度、弯曲、伸长率）等。
4. (1) 单跨共计24片空心板，其中中板22片，边板2片。
(2) 全桥空心板中板数量＝(24－2)×(4×5)＝440（片）。
(3) 单片空心板中板钢绞线长度：
N1＝(4535＋4189＋1056＋700)×2×2＝41920（mm）＝41.920（m）。
N2＝(6903＋2597＋243＋700)×2×2＝41772（mm）＝41.772（m）。
(4) 全桥空心板中板的钢绞线用量＝(41.920＋41.772)×440＝36824.480（m）。
5. (1) 施工方案(3)中坍落度：A＞B。
(2) 混凝土质量评定时应使用B，以浇筑地点测值为准。

模块三 城市隧道工程

案例一

1. 图中，③：衬垫材料；④：混凝土。
2. (1) 复合式衬砌由初期支护、防水层、二次衬砌组成。
(2) 初期支护：④⑤⑥⑦；防水层：②③；二次衬砌：①。
3. 有三处错误。
错误一：在砂层注浆过程中采用劈裂注浆法。
改正：砂层中宜采用挤压、渗透注浆法。
错误二：小导管注浆施工中采用石灰砂浆。
改正：小导管注浆采用水泥浆或水泥砂浆。
错误三：灌注完左侧边墙混凝土，再灌注右侧边墙混凝土。
改正：混凝土浇筑应连续进行，两侧对称，水平浇筑，不得出现水平和倾斜接缝。
4. (1) 项目部的决定不可行。
(2) 渗漏严重，直接封堵困难，应首先在坑内回填土封堵水流，然后在坑外打孔灌注聚氨酯或水泥—水玻璃双液浆封堵渗漏处，封堵后再继续向下开挖基坑。
5. 监理工程师要求增加内支撑、锚杆、被动土压区堆载或注浆加固等处理措施。
6. 监测项目还包括监测拱顶下沉、底板竖向位移、水平收敛、净空收敛、地面的沉降、周围建（构）筑物沉降、周围管线的沉降等。

案例二

1. 隧道施工对周边环境可能产生的安全风险有：
(1) 工作竖井占用机动车道，增加交通安全风险。
(2) 隧道穿越砂层，城市主干道可能产生沉降，导致交通安全受到威胁。
(3) 隧道与桩基间距小，桩基受到扰动，导致承载力降低；可能导致人行天桥变形、失稳，危及行人安全。
2. (1) 临时占用道路，需经市政工程行政主管部门和公安交通管理部门批准。

(2) 在既有道路上建工作井挖掘道路，应当持城市规划部门批准签发的文件和有关设计文件，到市政工程行政主管部门和公安交通管理部门办理审批手续。

(3) 占用绿地或砍伐树木，应经人民政府城市绿化行政主管部门批准。

(4) 渣土外运应向市政交通行政主管部门申请渣土运输手续。

(5) 夜间施工应向相关部门申请并公告附近居民。

3. 同一隧道内相对开挖，两开挖面距离为2倍洞跨且不小于10m时，一端停止掘进并封闭开挖面，由另一开挖面进行贯通开挖，并保持开挖面稳定。

💡 案例三

1. 基坑缺少的降、排水设施：
(1) 井点或管井。
(2) 集水井。
(3) 排水泵。
(4) 排水管道。
(5) 排水沟。
顶板支架缺少的重要杆件：
(1) 斜撑。
(2) 水平撑。
(3) 剪刀撑。

2. (1) A：止水片或止水环；B：防水砂浆。
(2) 采用对拉螺栓的原因：
①对应螺栓是模板支撑结构的支点，可平衡两侧模板的压力。
②可调节内外侧模板的间距，提高结构的整体性。

3. (1) 该行为违反已经审批的施工方案。
(2) 取消细石混凝土护面需要施工单位提交施工方案变更申请，经监理单位审批，建设单位同意后，方可实施。

4. 现场的易燃易爆危险源还包括木梁、竹胶板、密封材料、预应力材料、明火及气割气体、模板、机械油、包装材料等。

5. 不能索赔。
理由：未做功能性试验且施工措施不当造成损失，属于施工方自己的责任。

模块四　城市管道工程

💡 案例一

1. (1) 超挖原因：沟槽开挖用挖掘机一次性挖到设计标高，未预留200～300mm土层由人工开挖整平。
(2) 处理措施：槽底局部超挖，超挖深度为60mm＜150mm，可用挖槽原土回填夯实，其压实度不应低于原地基土的密实度。

2. (1) 构件A：钢板桩支护；构件B：支撑；构件C：围檩。
(2) 安拆顺序：安装A→安装C→安装B→拆除B→拆除C→拆除A。

3. (1) 验槽参与方：设计单位、施工单位、建设单位、监理单位、勘察单位。
(2) 检查验收项目：地基承载力、基底标高、基底平面位置、地下水情况、有无扰动及不良质土。

4. 施工单位可采取坡顶卸载、增加内支撑或锚杆、被动土压区堆载、注浆加固等措施。

5. (1) 不妥之处一：管道两侧回填时从一侧向另一侧填土。
改正：管道两侧回填应对称进行。
(2) 不妥之处二：回填应在气温最高时进行。
改正：回填应在气温低时进行，可选择夜间进行。

💡 案例二

1. 项目部应到道路管理部门（市政工程行政主管部门）、公安交通管理部门、城市绿化行政主管部门办理手续。

2. (1) 采用顶管法最适合。顶管法精度高，安全风险小，质量可靠，对周边环境影响小。
(2) 开槽法不适合的原因：破坏现有路面，中断交通，损坏现有管线和电缆，粉尘污染,造价高,需要配合降水。
浅埋暗挖法不适合的原因:有地下水,浅埋暗挖法不适合带水作业,需要降水;本工程管道直径为800mm,浅埋暗挖法适合管道直径最小为1000mm,不适合。
夯管法不适合的原因:由于现有国防电缆距离管道仅为0.4m,夯管法精度低,容易破坏国防电缆,而且含水地层不适合采用夯管法。

3. (1) 应为闭水试验。
(2) 闭水试验管段选取原则:
①无压管道的闭水试验,试验管段应按井距分隔,抽样选取,带井试验;若条件允许,可一次试验不超过5个连续井段。
②当管道内径大于700mm时,可按管道井段数量抽样选取1/3进行试验;试验不合格时,抽样井段数量应在原抽样基础上加倍进行试验。

4. 错误一:现有上面层铣刨并用高压水枪冲洗后,立即喷洒透层油。
改正:不应用水冲洗,应彻底清扫。
错误二:喷洒透层油,摊铺新面层。
改正:应喷洒粘层油。
错误三:新铺上面层采用轮胎式压路机进行初压和复压。
改正:用钢轮压路机初压,振动压路机复压。
错误四:项目部现场实测路表温度为60℃后,开放了交通。
改正:自然降温至表面温度低于50℃,方可开放交通。

案例三

1. (1) 直槽开挖时,可能造成车辆通行、人员坠入槽内、周边障碍物倾斜的安全风险。
(2) 下管时,起吊管道可能造成架空线缆破坏的安全风险。

2. 沟槽坍塌的可能原因:
(1) 雨水管道作业面荷载过高。
(2) 雨、污水管道过渡坡面没有采取防护措施。
(3) 污水管道一侧钢板桩插入土体深度不足。
(4) 没有排水措施,导致土体强度下降。
(5) 旁站监督不到位。

3. 有三处错误。
改正如下:
(1) 管道应在沟槽地基、管基质量检验合格后安装。
(2) 管道回填时间宜在一天中气温最低时段进行。
(3) 同一沟槽,雨、污水管道基础底面高程不同,应先回填基础较低的污水管道沟槽,当回填至雨水管道基础底面高程后,管道之间、管道与槽壁之间的回填夯实应对称进行。

4. 柔性管道回填至设计高程时,应在12~24h内测量并记录管道变形率,管道变形率应符合设计要求;当设计无要求时,钢管或球墨铸铁管道变形率应不超过2%,化学建材管道变形率应不超过3%;当超过时,需采取处理措施。

案例四

1. 钢板桩强度高,桩与桩之间的连接紧密,隔水效果好,具有施工灵活、板桩可重复使用等优点。

2. (1) 井管与孔壁间的滤料宜采用中粗砂。
(2) 滤料填至地面以下1~2m后应用黏土填满压实。

3. 缺失的项目:地基承载力;原状地基土不得扰动、受水浸泡或受冻;坑底土质情况、地下水情况;沟槽开挖允许偏差。

4. 试验水头的确定方法:试验段上游设计水头不超过管顶内壁时,试验水头应以试验段上游管顶内壁加2m计;试验段上游设计水头超过管顶内壁时,试验水头应以试验段上游设计水头加2m计;计算出的试验水头小于10m,但已超过上游检查井井口时,试验水头应以上游检查井井口高度为准。

模块五 城市基础设施更新工程

案例一

1. A：钻孔；B：注浆。
2. 详细探查方法：探地雷达。
3. （1）对破损严重板块采用开挖式基底处理方法。
（2）这种方法工艺简单，修复彻底，对交通影响较大，适合交通不繁忙路段。
4. AC：表示密集配沥青混合料。
16：表示集料最大公称粒径为16mm。
5. （1）在施工区两端应设置彩旗、安全警示灯、闪光方向标等，以对施工和社会车辆起到导行作用。
（2）安全员应统一穿着黄色反光服装，实行分班轮流24小时值班巡查。
6. 交通导行方案补充如下：
（1）设置各种交通标志、隔离设施、夜间警示信号。
（2）依据现场变化，及时引导车辆，为行人提供方便。
（3）对作业人员进行安全教育、培训、考核。
（4）设置照明装置，必要处搭设便桥，方便居民夜间出行和夜间施工。

案例二

1. A：路缘石；B：雨水口。
2. 还可以采取的措施：处理板缝、加厚面层。
3. 设置施工围挡注意事项：
（1）施工围挡应连续设置，不得留有缺口。
（2）施工现场的围挡一般应不低于1.8m，在市区内应不低于2.5m。
（3）围挡材料应坚固、稳定、整洁、美观，宜选用砌体、金属板材等硬质材料，不得采用彩条布、竹篱笆等。
（4）在围挡内侧禁止堆放物料。
4. 不妥之处一：采用初凝时间3h以下的32.5级硅酸盐水泥。
改正：应采用初凝时间3h以上和终凝时间6h以上的42.5级普通硅酸盐水泥、32.5级及以上矿渣硅酸盐水泥、火山灰质硅酸盐水泥。
不妥之处二：现场路拌水泥稳定土。
改正：城区施工应采用厂拌（异地集中拌合）方式，不得使用路拌方式，以保证配合比准确且达到文明施工要求。
不妥之处三：水泥稳定土保湿养护3d后即进行下一道工序施工。
改正：水泥稳定土底基层宜采用洒水养护，保持湿润，常温下成型后应经7d养护，方可在其上铺筑面层。

案例三

1. 雨水口连接支管施工技术要求如下：
（1）在道路基层内的雨水口连接支管应采用混凝土全长包封，且包封混凝土达到设计强度的70%以前，不得开放交通和碾压作业。
（2）沟槽的开挖断面应符合施工方案的要求，槽底原状地基土不得扰动，机械开挖时槽底预留200～300mm土层由人工开挖至设计高程，整平。
（3）沟槽回填应分层、对称回填，且夯压密实。
2. 第一个阶段，雨水管道施工时，应当在A节点和C节点设置施工围挡。
第二个阶段，两侧隔离带、非机动车道、人行道施工时，应当在A节点、C节点、D节点、F节点设置施工围挡。
第三个阶段，原机动车道加铺沥青混凝土面层时，在B节点、E节点设置施工围挡。
3. （1）确定沟槽开挖宽度的主要依据是管道外径、管道一侧的工作面宽度、管道一侧的支撑厚度。
（2）确定槽壁放坡坡度的主要依据是土体的类别、地下水位、坡顶荷载情况等。
4. 现场土方存放与运输应采取的环保措施：
（1）施工现场应根据风力和大气湿度的具体情况，进行土方回填、转运作业。

（2）沿线安排洒水车，洒水降尘。
（3）现场堆放的土方应当覆盖，防止扬尘。
（4）从事土方、渣土和施工垃圾运输车辆应采用密闭或覆盖措施。
（5）现场出入口处应采取保证车辆清洁的措施，并设专人清扫社会交通路线。

5. 应当在既有结构、路缘石和检查井等构筑物与沥青混合料面层连接面喷洒（刷）粘层油。

亲爱的读者：

如果您对本书有任何 感受、建议、纠错，都可以告诉我们。

我们会精益求精，为您提供更好的产品和服务。

祝您顺利通过考试！

扫码参与调查

环球网校建造师考试研究院